Lecture Notes in Mathematics

A collection of informal reports and seminars
Edited by A. Dold, Heidelberg and B. Eckmann, Zürich

238

Der kanonische Modul eines Cohen-Macaulay-Rings

Herausgegeben von Jürgen Herzog und Ernst Kunz,
Universität Regensburg, Regensburg/Deutschland

Springer-Verlag
Berlin · Heidelberg · New York 1971

AMS Subject Classifications (1970): 13C10, 13H10, 14B15, 18H20

ISBN 3-540-05683-1 Springer Verlag Berlin · Heidelberg · New York
ISBN 0-387-05683-1 Springer Verlag New York · Heidelberg · Berlin

Offsetdruck: Julius Beltz, Hemsbach/Bergstr.

Vorwort

Die folgende Ausarbeitung ging aus einem Seminar über die lokale Kohomologietheorie von Grothendieck hervor, das wir im Wintersemester 1970/71 an der Universität Regensburg veranstalteten. Als Literatur für das Seminar wurden die Lecture Notes [10] von Grothendieck und eine unter Anleitung von R. Kiehl entstandene Staatsexamensarbeit von Fräulein Hiltrud Felsen über "Lokale Dualität und Gorensteinringe" benutzt. Im 4. und 5. Vortrag dieser Ausarbeitung wird im wesentlichen ein Teil dieser Staatsexamensarbeit reproduziert.

Im Verlauf des Seminars konzentrierte sich das Interesse hauptsächlich auf Fragen, die mit dem kanonischen Modul eines Cohen-Macaulay-Rings zusammenhängen:

Existenz des kanonischen Moduls.
Charakterisierungen des kanonischen Moduls.
Permanenzeigenschaften des kanonischen Moduls.
Minimale Erzeugendenanzahl des kanonischen Moduls.
Wann ist der kanonische Modul ein Ideal?
Welche Eigenschaften besitzt in diesem Fall das Ideal und der Restklassenring nach diesem Ideal?
Reflexivität des kanonischen Moduls.
Charakterisierung von Gorensteinringen durch den dualen des kanonischen Moduls (die Dedekindsche Differente).
Anwendungen der Sätze über den kanonischen Modul.

Die Ergebnisse des Seminars zu diesen Fragen sind in den Vorträgen 6 und 7 enthalten.

Im Falle von Cohen-Macaulay-Ringen der Dimension 1 läßt sich vieles aus der lokalen Dualitätstheorie auf direktem, elementarem Weg herleiten. Dies wird in den Vorträgen 2 und 3 gezeigt. Eine Zusammenstellung der benutzten Tatsachen über Cohen-Macaulay-Moduln, Gorensteinringe und die Matlisdualität wird im 1. Vortrag gegeben.

Wir danken den Vortragenden für die Ausarbeitung ihrer Referate, den übrigen Seminarteilnehmern für ihr Interesse und ihre Anregungen. Besonderer Dank gilt auch Fräulein Karin Schafberger und Fräulein Marlene Westermeier für ihre Sorgfalt und Mühe bei der Herstellung des Manuskripts.

Jürgen Herzog
Ernst Kunz

Inhaltsübersicht

1. Vortrag: Margret Engelken

Grundtatsachen über Cohen-Macaulay-Moduln

In diesem Vortrag werden Grundtatsachen über Cohen-Macaulay-Moduln und Gorensteinringe zusammengetragen, die in den späteren Vorträgen benutzt werden; ferner wird die Dualitätstheorie von Matlis skizziert.
Die allgemeine Theorie der endlich erzeugten Moduln über noetherschen Ringen wird als bekannt vorausgesetzt. Terminologie und Bezeichnungen schließen sich an Bourbaki [5] und Serre [15] an.

1. Cohen-Macaulay-Moduln

Im folgenden bezeichne R immer einen noetherschen, lokalen Ring mit dem maximalen Ideal $\mathfrak{m}$ und dem Restklassenkörper $k = R/\mathfrak{m}$, und M sei ein endlich erzeugter R-Modul.
NNT ist eine Abkürzung für "Nichtnullteiler".

Definition 1.1.
Die Tiefe t(M) eines Moduls M ist die Länge einer maximalen M-Folge im maximalen Ideal $\mathfrak{m}$ von R.

Satz 1.2 (Serre [15], IV, 16)

$$t(M) \leq \inf_{\mathfrak{p} \in \operatorname{Ass} M} \{\dim R/\mathfrak{p}\} \leq \sup_{\mathfrak{p} \in \operatorname{Ass} M} \{\dim R/\mathfrak{p}\} =: \dim M$$

Definition 1.3.
Ein Modul M heißt Cohen-Macaulay-Modul, kurz CM-Modul, wenn dim M=t(M) ist. Ein Ring R heißt Cohen-Macaulay-Ring, wenn er als Modul über sich selbst ein CM-Modul ist.

Bemerkung 1.4.
Aus Satz 1.2. folgt: Für einen CM-Modul M gilt $\dim R/\mathfrak{p} = \dim M$ für alle $\mathfrak{p} \in \operatorname{Ass}(M)$; d.h., der Nullmodul von M besitzt keine eingebetteten Primärkomponenten.

Satz 1.5.
Ist $x \in \mathfrak{m}$ ein NNT von M, so ist M genau dann ein CM-Modul, wenn M/xM ein CM-Modul ist.

Beweis: Sei $\{x_2,\ldots,x_r\}$ eine maximale M/xM-Folge, dann ist $\{x,x_2,\ldots,x_r\}$

eine maximale M-Folge, also ist $t(M/xM) = t(M) - 1$. Da x ein NNT von M ist, gilt $\dim (M/xM) = \dim M-1$. Aus den beiden Gleichungen folgt die Behauptung.

Korollar 1.6.
Jedes Parametersystem eines CM-Moduls M ist eine M-Folge.

Beweis: Sei $\dim M = n$ und $\underline{x} = \{x_1,\ldots,x_n\}$ ein Parametersystem von M. Dann ist $\dim (M/x_1M) = n - 1$ und daher $x_1 \notin \bigcup_{\mathfrak{p}_i \in \mathrm{Ass} M} \mathfrak{p}_i$, denn wäre $x_1 \in \mathfrak{p}_j$ mit $\mathfrak{p}_j \in \mathrm{Ass}(M)$, dann wäre $\mathfrak{p}_j \in \mathrm{Supp}(M/x_1M)$ und also $\dim (M/x_1M) \geq \dim (R/\mathfrak{p}_j) = n$ (nach Bem. 1.4.). Das heißt, x_1 ist ein NNT von M, also ist nach Satz 1.5. M/x_1M ein CM-Modul. Induktiv schließt man, daß $\underline{x}$ eine M-Folge ist.

Satz 1.7. (Charakterisierung der Tiefe mit Hilfe von Ext)
Die Tiefe $t(M)$ eines Moduls M ist die kleinste Zahl p mit $\mathrm{Ext}_R^p(k,M) \neq 0$.

Beweis: Sei $\{x_1,\ldots,x_p\}$ eine M-Folge. Dann sind folgende Aussagen äquivalent: a) $\mathfrak{m}$ enthält keinen NNT von $M_p := M/(x_1,\ldots,x_p)M$, b) $\mathfrak{m} \in \mathrm{Ass}(M_p)$, c) $\mathrm{Hom}_R(k,M_p) \neq 0$. Der Beweis ergibt sich dann sofort aus folgendem Lemma, wenn man dort N durch k ersetzt:

LEMMA 1.8.
Seien M und N endlich erzeugte R-Moduln. Ist $\underline{x} = \{x_1,\ldots,x_p\}$ eine M-Folge mit $\underline{x} \subseteq \mathrm{Ann}\, N$, so ist $\mathrm{Hom}_R(N,M_p) \cong \mathrm{Ext}_R^p(N,M)$.

Der Beweis des Lemmas erfolgt in Analogie zu Serre [15], IV, 13.

Satz 1.9. (Ischebeck [12])
Seien M und N endlich erzeugte R-Moduln mit $t(M) = n$ und $\dim N = r$. Dann gilt

$$\mathrm{Ext}_R^i(N,M) = 0 \text{ für } i < n - r.$$

Korollar 1.10.
Sei M ein R-Modul mit $t(M) = n$, sei $\mathfrak{p} \in \mathrm{Spek}(R)$ mit $\dim R/\mathfrak{p} = r$. Dann gibt es eine M-Folge $\underline{x} = \{x_1,\ldots,x_{n-r}\}$ der Länge n-r in $\mathfrak{p}$.

Beweis: Nach Satz 1.9 ist $\mathrm{Ext}_R^i(R/\mathfrak{p},M) = 0$ für $i < n - r$. Die Existenz einer M-Folge in $\mathfrak{p}$ ergibt sich dann analog wie in Satz 1.7.

Korollar 1.11.
Ein Modul M ist genau dann ein CM-Modul, wenn $\mathrm{Ext}_R^i(k,M) = 0$ ist für $i = 0,1,\dots,\dim M - 1$.

Korollar 1.12.
Ein Modul M ist genau dann ein CM-Modul, wenn seine Komplettierung $\hat{M}$ ein CM-Modul ist.

Beweis: Es ist $\dim \hat{M} = \dim M$ (Serre [15], III, 9) und $t(\hat{M}) = t(M)$ wegen $\widehat{\mathrm{Ext}_R(R/\mathfrak{m},M)} \cong \mathrm{Ext}_{\hat{R}}(\hat{R}/\hat{\mathfrak{m}},\hat{M})$ und weil $\hat{R}$ treuflach über R ist.

Korollar 1.13.
Ist $\mathfrak{p} \in \mathrm{Supp}\, M$, so gilt: Ist M ein CM-Modul, so ist auch $M_{\mathfrak{p}}$ ein CM-Modul.

Beweis: Sei $\dim R/\mathfrak{p} = r$ und $t(M) = n$. Nach Folgerung 1.10 gibt es dann eine M-Folge $\underline{x} = \{x_1,\dots,x_{n-r}\} \subseteq \mathfrak{p}$. $\underline{x}$ aufgefaßt als Folge in $R_{\mathfrak{p}}$ bildet eine $M_{\mathfrak{p}}$-Folge, also ist $t(M_{\mathfrak{p}}) \geq n - r = t(M) - \dim R/\mathfrak{p}$. Folglich ist $0 \leq \dim M_{\mathfrak{p}} - t(M_{\mathfrak{p}}) \leq \dim R/\mathfrak{p} + \dim M_{\mathfrak{p}} - t(M) \leq \dim M - t(M) = 0$.

Aus dem Beweis von 1.13. entnimmt man insbesondere

Korollar 1.14.
Ist $\mathfrak{p} \in \mathrm{Supp}\, M$, M ein CM-Modul, so ist $\dim M = \dim R/\mathfrak{p} + \dim M_{\mathfrak{p}}$.

Korollar 1.15.
Ist $\mathfrak{p} \in \mathrm{Supp}\, M$, M ein CM-Modul, so ist $\dim M = \dim M/\mathfrak{p}M + \dim M_{\mathfrak{p}}$.

Beweis: Wegen $\mathrm{Supp}(M/\mathfrak{p}M) = \mathrm{Supp}(R/\mathfrak{p})$ gilt $\dim (M/\mathfrak{p}M) = \dim (R/\mathfrak{p})$ und die Behauptung folgt aus 1.14.

In späteren Beweisen werden noch die folgenden Sätze benötigt:

Satz 1.16. (Serre [15], IV, 18)
Seien P und R lokale Ringe, $R \to P$ ein lokaler Ringhomomorphismus und P sei als R-Modul endlich. Ferner sei M ein endlicher P-Modul.
Dann sind folgende Aussagen äquivalent:

a) M ist ein CM-Modul über R.
b) M ist ein CM-Modul über P.

Korollar 1.17.
Sei P ein Faktorring von R. Genau dann ist P ein CM-Modul über R, wenn P CM-Ring ist.

Satz 1.18. (Serre [15], IV, 36)
Über einem regulären Ring R ist jeder CM-Modul M mit dim M = dim R frei.

Satz 1.19. (Serre [15], IV, 26)
Sei R ein CM-Ring und $\mathfrak{p} \in \operatorname{Spek}(R)$. Für jedes $\mathfrak{p}' \in \operatorname{Ass}_{\hat{R}}(\hat{R}/\mathfrak{p}\hat{R})$ gilt: $\dim \hat{R}/\mathfrak{p}' = \dim R/\mathfrak{p}$.

2. Die Invariante r(M)

Ist M ein CM-Modul mit dim M = n, so gilt nach Satz 1.7:

$\operatorname{Ext}^i_R(R/\mathfrak{m},M) = 0$ für $i = 0,\dots,n-1$ und $\operatorname{Ext}^n_R(R/\mathfrak{m},M) \neq 0$.

Definition 1.20.
Sei M ein CM-Modul über dem lokalen Ring $(R,\mathfrak{m})$ mit dim M = n, dann setzt man $r_R(M) = \dim_{R/\mathfrak{m}}(\operatorname{Ext}^n_R(R/\mathfrak{m},M))$. Wenn klar ist, über welchen Ring R der Modul M betrachtet wird, schreibt man statt $r_R(M)$ einfach $r(M)$.

Bemerkung 1.21.

a) M sei ein CM-Modul. Dann sind folgende Aussagen äquivalent:

1) $r(M) = r$.
2) Für jedes Parametersystem $\underline{x}$ von M ist $\dim_{R/\mathfrak{m}}\gamma(M/(\underline{x})M) = r$, wenn $\gamma(M/(\underline{x})M) = \{y \in M/(\underline{x})M \mid \mathfrak{m}y = 0\}$ der Sockel von $M/(\underline{x})M$ ist.

b) Ist R ein CM-Ring, dann ist $r(R) \leq m(R)$, wobei $m(R)$ die Multiplizität von R ist. Ist R nicht regulär, dann gilt sogar $r(R) < m(R)$.

Beweis: a) Ist $\underline{x}$ ein Parametersystem von M, also eine maximale M-Folge aus $\mathfrak{m}$ (siehe Folgerung 1.6), so ist nach Lemma 1.8
$\operatorname{Ext}^n_R(R/\mathfrak{m},M) \cong \operatorname{Hom}_R(R/\mathfrak{m},M/(\underline{x})M) \cong \gamma(M/(\underline{x})M)$.

b) Es genügt, die Behauptung für einen kompletten Ring mit unendlichem Restklassenkörper k zu beweisen. Dann gibt es ein Parametersystem $\underline{x}$ von R mit $\ell(R/(\underline{x})) = m(R)$, vgl. [16]. Es folgt $r(R) = \dim_k(\gamma(R/(\underline{x}))) \leq \ell(R/(\underline{x})) = m(R)$, wobei das Gleichheitszeichen genau dann gilt, wenn R regulär ist.

Für die Invariante r gelten folgende Regeln:

1.22. a) Ist M ein CM-Modul, $\underline{x}$ eine M-Folge aus $\mathfrak{m}$, so ist
$r(M) = r(M/(\underline{x})M)$.

Beweis: Sei $\underline{x}'$ eine maximale $M/(\underline{x})M$-Folge aus $\mathfrak{m}$. Dann ist $\underline{x} \cup \underline{x}'$ eine maximale M-Folge aus $\mathfrak{m}$. Aus $M/(\underline{x})M \big/ (\underline{x}')M/(\underline{x})M \cong M/(\underline{x},\underline{x}')M$ folgt unmittelbar die Behauptung.

b) Sei $\phi : R \to R'$ ein Epimorphismus lokaler Ringe und M ein CM-Modul über R'. Dann ist $r_R(M) = r_{R'}(M)$.

Beweis: Vermöge des Epimorphismus ϕ kann M als CM-Modul über R aufgefaßt werden (vgl. 1.16). Sei $\underline{x} = \{x_1,\ldots,x_k\} \subseteq R$ eine maximale M-Folge des R-Moduls M. Dann ist $\phi(\underline{x}) = \{\phi(x_1),\ldots,\phi(x_k)\}$ eine maximale M-Folge des R'-Moduls M. Da R und R' denselben Restklassenkörper k besitzen, folgt

$$r_{R'}(M) = \dim_k \operatorname{Hom}_{R'}(k, M/\phi(\underline{x})M) = \dim_k \operatorname{Hom}_R(k, M/(\underline{x})M) = r_R(M)$$

c) Sei M ein CM-Modul. Dann ist $r(M) = r(\hat{M})$.

Beweis: $\operatorname{Ext}^i_R(R/\mathfrak{m}, M) \otimes_R \hat{R} \cong \operatorname{Ext}^i_{\hat{R}}(\hat{R}/\hat{\mathfrak{m}}, \hat{M})$

Im folgenden Satz werden die Invarianten $r_R(M)$ und $r_S(M \otimes_R S)$ verglichen, wobei M ein R-Modul und S eine flache Erweiterung von R ist. Um diesen Satz zu beweisen, benötigt man ein Lemma:

LEMMA 1.23.
Seien $(R,\mathfrak{m})$ und $(S,\mathfrak{n})$ noethersche lokale Ringe und $k = R/\mathfrak{m}$. Sei $R \to S$ ein flacher, lokaler Homomorphismus und $x \in S$ ein NNT von $S \otimes_R k = S/\mathfrak{m}S$. Dann ist x auch NNT von S und $S/(x)$ ist R-flach.

Beweis: Sei $x \in S$, x NNT von $S \otimes_R k$, und sei $y \neq 0$ ein Element von S. Nach dem Krullschen Durchschnittssatz gibt es eine Zahl $r \geq 0$, so daß $y \in \mathfrak{m}^r S$, aber $y \notin \mathfrak{m}^{r+1} S$. Wegen der R-Flachheit von S ist $\mathfrak{m}^r S/\mathfrak{m}^{r+1} S$ isomorph zu $(\mathfrak{m}^r/\mathfrak{m}^{r+1}) \otimes_R S \cong (\mathfrak{m}^r/\mathfrak{m}^{r+1}) \otimes_k (S \otimes_R k)$. Die Multiplikation mit x ist auf $S \otimes_R k$ und, da k ein Körper ist, auch auf $(\mathfrak{m}^r/\mathfrak{m}^{r+1}) \otimes_k (S \otimes_R k)$ eine Injektion.
Folglich ist x ein NNT von $\mathfrak{m}^r S/\mathfrak{m}^{r+1} S$, also ist $x \cdot y \neq 0$, d.h. x ist auch NNT von S.

Setzt man $S' = S/(x)$, so erhält man aus der exakten Folge
$0 \longrightarrow S \xrightarrow{\mu_x} S \longrightarrow S' \longrightarrow 0$ die exakte Folge
$\mathrm{Tor}_1^R(k,S) \longrightarrow \mathrm{Tor}_1^R(k,S') \longrightarrow S\otimes_R k \xrightarrow{\mu_x} S\otimes_R k$. Da μ_x eine Injektion ist und $\mathrm{Tor}_1^R(k,S)$ wegen der Flachheit von S verschwindet, ist auch $\mathrm{Tor}_1^R(k,S')$ gleich Null und S' ist ebenfalls flach über R.

Satz 1.24. (Kunz)
Seien $(R,\mathfrak{m})$ und (S,n) noethersche lokale Ringe und $R \to S$ ein flacher, lokaler Homomorphismus. Ist $S/\mathfrak{m}S$ ein CM-Ring mit $r(S/\mathfrak{m}S) = s$ und M ein CM-Modul über R mit $r(M) = r$, dann ist auch $S\otimes_R M$ ein CM-Modul und es gilt

$$r(S\otimes_R M) = s \cdot r.$$

Beweis: Wir geben zunächst einen Beweis für die bekannte Tatsache, daß $S\otimes_R M$ ein CM-Modul ist:
Sei $\underline{x}$ eine maximale M-Folge, $M' := M/(\underline{x})M$. Da S R-flach ist, ist $\underline{x}$ auch eine $S\otimes_R M$-Folge und es gilt $S\otimes_R M/(\underline{x})S\otimes_R M \cong S\otimes_R M'$ und $t(M') = \dim M' = 0$.
Aus Satz 1.5 folgt, daß $S\otimes_R M$ ein CM-Modul ist, genau dann, wenn $S\otimes_R M'$ ein CM-Modul ist.
Sei nun $\underline{y}$ eine maximale $S/\mathfrak{m}S$-Folge. Aus Lemma 1.23 folgt durch Induktion, daß $\underline{y}$ auch eine S-Folge und $S' := S/(\underline{y})$ flach über R ist. Benutzt man nochmals die Flachheit von S über R, dann ergibt sich, daß $\underline{y}$ auch eine $S\otimes_R M'$-Folge ist. Daher ist $t(S\otimes_R M') \geq t(S/\mathfrak{m}S)$. Andererseits folgt, da M' ein R-Modul endlicher Länge ist, daß $\mathrm{Supp}(S\otimes_R M') = \mathrm{Supp}(S/\mathfrak{m}S)$. Man beweist dies durch Induktion nach der Länge von M' unter Beachtung der Flachheit von S über R. Es ergibt sich somit, daß $\dim S\otimes_R M' = \dim S/\mathfrak{m}S$. Daher ist $S\otimes_R M'$ ein CM-Modul und somit auch $S\otimes_R M$.

Zum Beweis der zweiten Aussage des Satzes beachte man, daß mit $S/\mathfrak{m}S$ auch $S'/\mathfrak{m}S'$ ein CM-Modul ist und daß ferner gilt (vgl. 1.22)
$r(S/\mathfrak{m}S) = r(S'/\mathfrak{m}S')$ und $r(S'\otimes_R M') = r(S\otimes M') = r(S\otimes M)$,

so daß wir von vornherein annehmen dürfen, daß

$\dim S/\mathfrak{m}S = \dim S\otimes_R M = 0$.

Aus der exakten Folge $0 \to \gamma(M) \to M$ ergibt sich die exakte Folge $0 \to S\otimes_R \gamma(M) \to S\otimes_R M$. $S\otimes_R \gamma(M)$ ist ein freier $S/\mathfrak{m}S$-Modul vom Rang r, es folgt daher:
$\gamma_s(S\otimes_R \gamma(M))$ hat die Dimension $r \cdot s$ als S/n-Vektorraum, mithin gilt wegen $\gamma_s(S\otimes_R \gamma(M)) \subseteq \gamma_s(S\otimes_R M)$ die Ungleichung $r(S\otimes_R M) \geq r \cdot s$.

Andererseits liefert die exakte Folge $S/\mathfrak{m}S \to S/n \to 0$ eine exakte Folge $0 \to \mathrm{Hom}_s(S/n, S\otimes_R M) \to \mathrm{Hom}_s(S/\mathfrak{m}S, S\otimes_R M)$. Der erste Modul ist nach 1.21 isomorph zu $\gamma_s(S\otimes_R M)$, der zweite ist wegen der R-Flachheit von S isomorph zu $S\otimes_R \mathrm{Hom}_R(R/\mathfrak{m}, M) \cong S\otimes_R \gamma(M)$. Es folgt also auch $\gamma_s(S\otimes_R M) \subseteq \gamma_s(S\otimes_R \gamma(M))$ und somit $r(S\otimes_R M) = r \cdot s$.

Beispiel 1.25:
Es sei k ein Körper und
$R = k[[X_1,\ldots,X_n,Y_1,\ldots,Y_n]]/(\{X_iY_j - X_jY_i\} i,j = 1,\ldots,n)$
(die Komplettierung des lokalen Rings in der Spitze des "Segre-Kegels").

1) R ist ein Integritätsbereich:

Sei ϕ die Abbildung $\phi : k[[X_1,\ldots X_n,Y_1,\ldots,Y_n]] \longrightarrow k[[Y_1,\ldots,Y_n,T]]$

$$Y_i \longmapsto Y_i$$
$$X_i \longmapsto TY_i$$

Man rechnet leicht nach, daß die $X_i\, Y_j - X_j\, Y_i$ den Kern der Abbildung ϕ erzeugen; also ist R Unterring des Integritätsbereiches $k[[Y_1,\ldots,Y_n,T]]$.

Folgerung: dim R = n+1

Der R entsprechende affine Ring besitzt den gleichen Quotientenkörper wie $k[Y_1,\ldots,Y_n,T]$ und hat daher die Dimension n + 1. R selbst ist die Komplettierung des lokalen Rings im Nullpunkt.

2) R ist ein Cohen-Macaulay-Ring:

k habe mindestens n verschiedene Elemente, und es sei $n \geq 2$.
Wir zeigen: Sind x_i, y_i die Restklassen von X_i, Y_i in R, dann bilden die Elemente

$$x_i - \kappa_i\, y_i \quad (\kappa_i \in k,\ \kappa_i \neq \kappa_j \text{ für } i \neq j) \quad (i = 1,\ldots,n)$$

eine reguläre Folge.
Es ist $R_k := R/(x_1-\kappa_1 y_1,\ldots,x_k-\kappa_k y_k)$ ein Restklassenring von $k[[X_{k+1},\ldots,X_n,Y_1,\ldots,Y_n]]$ nach dem Ideal $\mathfrak{a}_k$, das von folgenden Elementen erzeugt wird:

$$X_i Y_j - X_j Y_i \qquad (i,j > k)$$

$$Y_i Y_j \qquad (i,j \leq k,\ i \neq j)$$

$$X_i(Y_j - \kappa_i X_j) \qquad (i \leq k,\ j > k).$$

Es sei $\mathfrak{P}_o = (Y_1,\ldots,Y_k,\ \{X_iY_j - X_jY_i\}\ i,j > k)$

$$\mathfrak{P}_i = (Y_1,\ldots,\hat{Y}_i,\ldots,Y_k,\ \{Y_j - \kappa_i X_j\}\ j > k) \qquad (i = 1,\ldots,k)$$

Die $\mathfrak{P}_i$ $(i = o,\ldots,k)$ sind Primideale: Dies ist für $i > 0$ unmittelbar klar, für $i = 0$ ergibt sich der Segre-Kegel mit n ersetzt durch n-k.

Es gilt $\mathfrak{A}_k = \bigcap_{i=o}^{k} \mathfrak{P}_i$:

Es ist offensichtlich, daß $\mathfrak{A}_k$ im Durchschnitt enthalten ist. Es sei andererseits $F \in \mathfrak{P}_o$, $F = \sum_{i=1}^{k} F_i Y_i + \Sigma\ F_{ij}\ (X_iY_j - X_jY_i)$ und gleichzeitig $F \in \mathfrak{P}_i (i > 0)$. Da alle Summanden von F, außer F_iY_i, in $\mathfrak{P}_i$ liegen, folgt dann $F_iY_i \in \mathfrak{P}_i$. Das ist aber nur möglich wenn $F_i \in \mathfrak{P}_i$ ist. Für $F \in \bigcap_{i=o}^{k} \mathfrak{P}_i$ folgt nun sofort $F \in \mathfrak{A}_k$.

Die obige Darstellung von $\mathfrak{A}_k$ ist die Primärzerlegung von $\mathfrak{A}_k$. Da $X_{k+1} - \kappa_{k+1}\ Y_{k+1} \notin \mathfrak{P}_i$ $(i=0,\ldots,k)$, ist $x_{k+1} - \kappa_{k+1}\ y_{k+1}$ ein Nichtnullteiler von R_k und folglich $\{x_1 - \kappa_1 y_1,\ldots,x_n - \kappa_n y_n\}$ eine reguläre Folge von R. Ferner ist $R_n = k[\![Y_1,\ldots,Y_n]\!]/(\{Y_iY_j\}\ i \neq j)$, und die assoziierten Primideale von R_n entsprechen den Primidealen $(Y_1,\ldots,\hat{Y}_i,\ldots,Y_n)$ $(i = 1,\ldots,n)$ von $k[\![Y_1,\ldots,Y_n]\!]$. Da $Y_1 + \ldots + Y_n$ in keinem dieser Primideale enthalten ist, ist die Restklasse dieses Elements in R_n ein Nichtnullteiler.

Schließlich ist

$$k[\![Y_1,\ldots,Y_n]\!]/(\{Y_iY_j\}\ i \neq j, y_1 + \ldots + Y_n) \cong k[\![Y_1,\ldots,Y_{n-1}]\!]/(\{Y_iY_j\}_{i,j=1,\ldots,n})$$

Ergebnis:

$\{x_1 - \kappa_1 y_1,\ldots,x_n - \kappa_n y_n, y_1 + \ldots + y_n\}$ ist eine maximale reguläre Folge von R. Als Modulo dieser Folge ergibt sich ein nulldimensionaler lokaler Ring, dessen Sockel die Dimension n-1 besitzt. Also ist R ein CM-Ring mir $r(R) = n - 1$.

3) R ist ein normaler Ring:

Mit Hilfe des Jacobischen Kriteriums für reguläre lokale Ringe läßt sich leicht nachrechnen: Ist $\mathfrak{y} \in$ Spek(R) verschieden von maximalen Ideal von R, dann ist $R_{\mathfrak{y}}$ regulär.
Insbesondere ist also R immer ein normaler Integritätsbereich.

3. Matlisdualität

Sind M,N Moduln über einem kommutativen Ring R, so hat man immer einen kanonischen Homomorphismus

$$\alpha : M \to \mathrm{Hom}_R\ (\mathrm{Hom}_R(M,N),N)$$

($\alpha(m)$ ist die Abbildung $\mathrm{Hom}_R(M,N) \to N$, die $\ell \in \mathrm{Hom}(M,N)$ auf $\ell(m)$ abbildet).
In der Dualitätstheorie von Matlis wird gezeigt, daß für einen kompletten lokalen Ring R unter geeigneten Voraussetzungen über M und N die Abbildung α ein Isomorphismus ist.
Wir stellen einige in diesem Zusammenhang wichtige Begriffe und Sätze zusammen:
Für einen R-Modul M bezeichne I(M) seine injektive Hülle
(vgl. Gabriel [7], 17-03)

Definition 1.26
Ein Untermodul N eines Moduls M heißt irreduzibel (in M), wenn aus einer Darstellung $N = N_1 \cap N_2$ mit Untermoduln $N_i \subseteq M$ folgt $N_1 = N$ oder $N_2 = N$.

Definition 1.27.
Ein R-Modul M heißt unzerlegbar, wenn er sich nicht als direkte Summe zweier echter Untermoduln darstellen läßt.

Aus den folgenden beiden Sätzen wird ersichtlich, daß es besonders wichtig ist, die Struktur der unzerlegbaren, injektiven Moduln zu studieren.

Satz 1.28 (Gabriel [7], 17-05)
Gilt in einem R-Modul M eine Darstellung $0 = \bigcap_{i=1}^{r} N_i$ mit irreduziblen Untermoduln N_i von M, so sind die injektiven Hüllen $I(M/N_i)$ unzerlegbar, und es ist $I(M) \cong \bigoplus_{i=1}^{r} I(M/N_i)$. Insbesondere ist also I(M) unzerlegbar,

falls der Nullmodul irreduzibel ist.

Es gilt aber auch die Umkehrung:

Satz 1.29 (Gabriel [7], 17-10)
Für jeden R-Modul M ist äquivalent:

a) I(M) ist unzerlegbar.
b) Der Nullmodul von M ist irreduzibel.
c) I(M) ist injektive Hülle jedes von Null verschiedenen Untermoduls.

Untersucht man nun die unzerlegbaren, injektiven Moduln über einem noetherschen Ring R genauer, so erhält man eine umkehrbar eindeutige Beziehung zwischen den unzerlegbaren, injektiven Moduln und den Primidealen von R. Es gilt nämlich:

Satz 1.30 (Gabriel [7], 17-16)

a) Für alle $\mathfrak{p} \in$ Spek(R) ist $I(R/\mathfrak{p})$ unzerlegbar.
b) Ist I ein unzerlegbarer, injektiver Modul, so gibt es ein $\mathfrak{p} \in$ Spek(R), so daß $I \cong I(R/\mathfrak{p})$.
c) Sind $\mathfrak{p}, \mathfrak{q} \in$ Spek(R), so ist $I(R/\mathfrak{p}) \cong I(R/\mathfrak{q})$ genau dann, wenn $\mathfrak{p} = \mathfrak{q}$.

Eine Zerlegung eines injektiven Moduls in unzerlegbare, injektive Untermoduln gibt es aber nicht nur in dem in Satz 1.28 beschriebenen Spezialfall, sondern es gilt ganz allgemein der folgende Zerlegungssatz:

Satz 1.31 (Gabriel [7], 17-11, 12)
Jeder injektive R-Modul I ist direkte Summe von unzerlegbaren, injektiven Untermoduln $\{I_\lambda\}_{\lambda \in \Lambda}$ von I : $I = \bigoplus_{\lambda \in \Lambda} I_\lambda$. Diese Zerlegung ist bis auf Isomorphie eindeutig bestimmt.

Zu den unzerlegbaren, injektiven Untermoduln, die in der Zerlegung der injektiven Hülle eines Moduls auftreten, gehören bei endlich erzeugten Moduln gerade die Primideale aus Ass(M):

Satz 1.32 (Gabriel [7], 17-16)
Sei M ein endlich erzeugter Modul über einem noetherschen Ring R, $I(M) = I_1 \oplus \ldots \oplus I_r$ eine Zerlegung der injektiven Hülle von M in unzerlegbare Untermoduln. Für alle $k = 1,\ldots,r$ sei $\mathfrak{p}_k \in$ Spek(R) mit $I_k \cong I(R/\mathfrak{p}_k)$ gewählt. Dann ist $\mathrm{Ass}(M) = \{\mathfrak{p}_1,\ldots,\mathfrak{p}_r\}$.

Mit Hilfe der in diesem Abschnitt zusammengestellten Tatsachen über injektive Moduln kann nun auch ein weiterer Satz über CM-Ringe bewiesen werden:

Satz 1.33

Sei $\mathfrak{a}$ ein $\mathfrak{m}$-primäres Ideal des lokalen Rings $(R,\mathfrak{m})$ und $\mathfrak{a} = \mathfrak{a}_1 \cap \ldots \cap \mathfrak{a}_\ell$ eine Darstellung von $\mathfrak{a}$ als unverkürzbarer Durchschnitt irreduzibler Ideale. Dann gilt $\ell = \dim_k \gamma(R/\mathfrak{a})$.

Beweis: Setzt man $\bar{R} = R/\mathfrak{a}$ und $\bar{\mathfrak{a}}_i = \mathfrak{a}_i/\mathfrak{a}$, so erhält man $\dim \bar{R} = 0$, da $\mathfrak{a}$ als $\mathfrak{m}$-primär vorausgesetzt ist, und $0 = \bar{\mathfrak{a}}_1 \cap \ldots \cap \bar{\mathfrak{a}}_\ell$ ist eine Darstellung der Null in $\bar{R}$ als unverkürzbarer Durchschnitt irreduzibler Ideale.
Der Sockel $\gamma(\bar{R})$ ist von Null verschieden: Wegen $\dim \bar{R} = 0$ gibt es eine natürliche Zahl n, so daß $\bar{\mathfrak{m}}^n \neq 0$, aber $\bar{\mathfrak{m}}^{n+1} = 0$ ist ($\bar{\mathfrak{m}}$ sei das maximale Ideal von $\bar{R}$), und es gilt $\bar{\mathfrak{m}}^n \in \gamma(\bar{R})$. Da $\bar{R}$ eine wesentliche Erweiterung von $\gamma(\bar{R})$ und $\gamma(\bar{R}) \neq 0$ ist, stimmen die jeweiligen injektiven Hüllen überein: $I(\bar{R}) = I(\gamma(\bar{R}))$. Ist nun $\dim_k \gamma(\bar{R}) = t$, so ist $I(\gamma(\bar{R})) = I(k) \oplus \ldots \oplus I(k)$ mit t Exemplaren $I(k)$.

Andererseits hat man nach Satz 1.28 eine Zerlegung der injektiven Hülle von $\bar{R}$ in eine direkte Summe unzerlegbarer injektiver Moduln. $I(\bar{R}) = I(\bar{R}/\bar{\mathfrak{a}}_1) \oplus \ldots \oplus I(\bar{R}/\bar{\mathfrak{a}}_\ell)$. Wegen $\mathrm{Ass}(\bar{R}) = \{\bar{\mathfrak{m}}\}$ gilt nach Satz 1.32 für alle $i = 1,\ldots,\ell$: $I(\bar{R}/\bar{\mathfrak{a}}_i) \cong I(\bar{R}/\bar{\mathfrak{m}}) = I(k)$. Da aber nach Satz 1.31 die Zerlegung eines injektiven Moduls in eine direkte Summe von unzerlegbaren, injektiven Untermoduln bis auf Isomorphie eindeutig bestimmt ist, folgt $t = \ell$.

Korollar 1.34.

R sei ein CM-Ring mit $r(R) = r$. Für jede maximale reguläre Folge $\underline{x}$ gilt: In einer Darstellung von $(\underline{x})$ als unverkürzbarer Durchschnitt von irreduziblen Idealen treten genau r irreduzible Ideale auf.

Der zu Anfang dieses Abschnitts erwähnte Dualitätssatz von Matlis besagt:

Satz 1.35. Hauptsatz der Matlis-Dualität (Gabriel [7], 17-25)

Sei R ein noetherscher, lokaler, kompletter Ring. Sei $\mathfrak{m}$ das maximale Ideal von R und $I = I(R/\mathfrak{m})$ die injektive Hülle des Restklassenkörpers von R. Sei M ein R-Modul.
Der kanonische Homomorphismus $\alpha : M \to \mathrm{Hom}_R(M,I),I)$ ist ein Isomorphismus, wenn M noethersch oder artinsch ist. Ist M noethersch, so ist

M' = Hom (M,I) artinsch; ist M artinsch, so ist M' noethersch.

In den **Korollaren** 1.36 und 1.37 bezeichne R jeweils einen lokalen, kompletten Ring mit dem Restklassenkörper k.

Korollar 1.36.
Sei M ein R-Modul endlicher Länge. Dann gilt

$\ell(\mathrm{Hom}_R(M,I(k))) = \ell(M)$.

Beweis: Der Beweis geschieht durch Induktion nach der Länge von M. Ist $\ell(M) = 1$, so ist $M \cong k$. Aus der Matlis-Dualität folgt nun $k \cong \mathrm{Hom}_R(k,I(k))$: Setzt man nämlich $\mathrm{Hom}_R(k,I(k)) \cong k^r$, so folgt (nach 1.35)
$k \cong \mathrm{Hom}_R(\mathrm{Hom}_R(k,I(k)),I(k)) \cong \mathrm{Hom}_R(k^r,I(k)) \cong k^{r^2}$, also ist $r = 1$.

Sei nun $\ell(M) = n > 1$ und der Satz für alle Moduln kürzerer Länge bereits bewiesen. Sei $N \neq 0$ ein echter Untermodul von M, also $\ell(N) = k < n$, dann ist $0 \to N \to M \to M/N \to 0$ exakt und $\ell(M/N) = n - k < n$. Wegen der Injektivität von I(k) ist dann auch $0 \to \mathrm{Hom}_R(M/N,I(k)) \to \mathrm{Hom}_R(M,I(k)) \to \mathrm{Hom}_R(N,I(k)) \to 0$ exakt, und es folgt: $\mathrm{Hom}_R(M,I(k))$ ist ein Modul endlicher Länge, und es ist $\ell(\mathrm{Hom}_R(M,I(k))) = \ell(\mathrm{Hom}_R(M/N,I(k))) + \ell(\mathrm{Hom}_R(N,I(k))) = \ell(M/N) + \ell(N) = \ell(M)$.

Korollar 1.37.
Sei dim R = 0. Dann gilt $\ell(I(k)) = \ell(R)$.

Beweis: Da R nulldimensional ist, besitzt R endliche Länge.
Aus 1.36 folgt nun

$\ell(R) = \ell(\mathrm{Hom}_R(R,I(k))) = \ell(I(k))$.

Für spätere Anwendungen wichtig ist noch der folgende Satz:

Satz 1.38.
Sei R ein lokaler Ring mit maximalem Ideal $\mathfrak{m}$ und Restklassenkörper k, $\mathcal{L}^f_{\mathfrak{m}}$ die Kategorie der R-Moduln endlicher Länge und $T : \mathcal{L}^f_{\mathfrak{m}} \to \mathcal{L}^f_{\mathfrak{m}}$ ein exakter, R-linearer Funktor mit $T(k) \cong k$. Dann existiert ein natürlicher Isomorphismus

$$T(\_) \cong \mathrm{Hom}_R(\_,I(k))$$

Der Beweis ergibt sich aus [10], 4.5, 4.9, 4.10.

4. Gorensteinringe

In 1.20 wurde für einen CM-Modul M über einem lokalen Ring $(R,\mathfrak{m})$ die Invariante r(M) definiert. Spezieller definiert man nun:

Definition 1.39.
Ein CM-Ring R heißt Gorensteinring, wenn r(R) = 1 ist.

Aus den Regeln 1.22 folgt sofort

1.40. a) Ist R ein CM-Ring und $\underline{x}$ eine reguläre Folge aus $\mathfrak{m}$, so ist R genau dann ein Gorensteinring, wenn $R/(\underline{x})$ ein Gorensteinring ist.

b) R ist genau dann Gorensteinring, wenn $\hat{R}$ Gorensteinring ist.

Aus 1.21 erhält man den folgenden Satz:

Satz 1.41.
Sei R ein CM-Ring. Dann sind folgende Aussagen äquivalent:

a) R ist ein Gorensteinring.
b) Für jedes Parametersystem $\underline{x}$ von R ist $\dim_k \gamma(R/(\underline{x})) = 1$.
c) Es existiert ein Parametersystem $\underline{x}$ von R mit $\dim_k \gamma(R/(\underline{x})) = 1$.

Aus 1.33 und 1.34 ergibt sich durch Spezialisierung auf den Fall r(R)=1:

Satz 1.42.
Ist R ein CM-Ring, so sind folgende Aussagen äquivalent:

a) R ist ein Gorensteinring.
b) Jedes Parametersystem von R ist irreduzibel.
c) Es existiert ein irreduzibles Parametersystem von R.

Im folgenden werden nulldimensionale Gorensteinringe genauer charakterisiert.

Satz 1.43 (Dieudonné)
Sei R ein nulldimensionaler lokaler Ring. R ist genau dann ein Gorensteinring, wenn R injektiv ist.

Bemerkung: Wenn R injektiv ist, gilt insbesondere $R \cong I(k)$, da R als lokaler Ring direkt unzerlegbar ist.

Beweis: Sei R injektiv; dann folgt nach der obigen Bemerkung und aus dem Beweis zu 1.36:

$\gamma(R) \cong \mathrm{Hom}_R(k,R) \cong \mathrm{Hom}_R(k,I(k)) \cong k$, das heißt aber $\dim_k(\gamma(R)) = 1$ und R ist ein Gorensteinring. Ist umgekehrt R ein Gorensteinring, also $k \cong \gamma(R)$, so ist $I(k) = I(R)$, da R eine wesentliche Erweiterung von $\gamma(R)$ ist. Mit Folgerung 1.37 ergibt sich dann $\ell(R) = \ell(I(k)) = \ell(I(R))$, und wegen $R \subseteq I(R)$ folgt $R = I(R)$, d.h. R ist injektiv.

Satz 1.44.
Sei R ein nulldimensionaler, lokaler Ring. Die folgenden Aussagen sind äquivalent:

a) R ist ein Gorensteinring.
b) Für alle Ideale $\mathfrak{a}$ von R gilt

1.) $\mathfrak{a} = \mathrm{Ann}\,(\mathrm{Ann}(\mathfrak{a}))$
2.) $\ell(\mathfrak{a}) + \ell(\mathrm{Ann}(\mathfrak{a})) = \ell(R)$

Beweis: b) → a): Aus der Definition des Sockels (vgl. 1.21 b) folgt, daß $\gamma(R) = \mathrm{Ann}(\mathfrak{m})$ ist. Die zweite Aussage unter b) liefert dann für $\mathfrak{a} = \mathfrak{m}$ sofort

$$\ell(\gamma(R)) = \ell(\mathrm{Ann}(\mathfrak{m})) = \ell(R) - \ell(\mathfrak{m}) = 1,$$

und das bedeutet nach Definition, daß R ein Gorensteinring ist.

a) → b): Sei nun R ein Gorensteinring, also $R \cong I(k)$ nach 1.43. Da R nulldimensional ist, besitzen R und damit auch $R/\mathfrak{a}$ endliche Länge. Nach 1.36 gilt dann $\ell(R/\mathfrak{a}) = \ell(\mathrm{Hom}_R(R/\mathfrak{a},R))$. Nun ist aber $\mathrm{Hom}_R(R/\mathfrak{a},R) \cong \mathrm{Ann}(\mathfrak{a})$, also folgt

$$\ell(R/\mathfrak{a}) = \ell(R) - \ell(\mathfrak{a}) = \ell(\mathrm{Ann}(\mathfrak{a})).$$

Damit ist 2.) gezeigt.

Aus der exakten Folge $0 \to \mathrm{Ann}(\mathfrak{a}) \to R \to R/\mathrm{Ann}(\mathfrak{a}) \to 0$ ergibt sich wegen der Injektivität von R die exakte Folge
$0 \to \mathrm{Hom}_R(R/\mathrm{Ann}(\mathfrak{a}),R) \to R \to \mathrm{Hom}_R(\mathrm{Ann}(\mathfrak{a}),R) \to 0$.

Nach dem Dualitätssatz von Matlis (1.35) gilt
$R/\mathfrak{a} \cong \mathrm{Hom}_R(\mathrm{Hom}_R(R/\mathfrak{a},R),R) \cong \mathrm{Hom}_R(\mathrm{Ann}(\mathfrak{a}),R)$.

Ersetzt man $\mathfrak{a}$ durch $\mathrm{Ann}(\mathfrak{a})$, dann folgt hieraus
$R/\mathrm{Ann}(\mathfrak{a}) \cong \mathrm{Hom}_R(\mathrm{Ann}(\mathrm{Ann}(\mathfrak{a})),R)$

und wiederum aus dem Dualitätssatz
$Hom_R(R/Ann(\mathfrak{a}),R) \cong Ann(Ann(\mathfrak{a}))$.

Damit geht die obige exakte Folge über in die exakte Folge
$0 \to Ann(Ann(\mathfrak{a})) \to R \to R/\mathfrak{a} \to 0$, und man erhält eine Isomorphie
$R/\mathfrak{a} \cong R/Ann(Ann(\mathfrak{a}))$. Wegen $\mathfrak{a} \subseteq Ann(Ann(\mathfrak{a}))$ folgt daraus $\mathfrak{a} = Ann(Ann(\mathfrak{a}))$.

Einen analogen Satz über Frobenius-Algebren beweist Behrens ([2], VII. 3, Satz 12.). In 7.4 wird angegeben, welcher Zusammenhang zwischen Frobenius-Algebren und nulldimensionalen Gorensteinringen besteht.

Korollar 1.45.
Sei R ein Gorensteinring, für den nicht unbedingt dim R = 0 zu gelten braucht. Sei $\mathfrak{a}$ ein $\mathfrak{m}$-primäres Ideal von R und $\underline{x}$ ein Parametersystem mit $(\underline{x}) \subseteq \mathfrak{a}$. Dann gilt

1.) $\mathfrak{a} = (\underline{x}) : ((\underline{x}) : \mathfrak{a})$

2.) $\ell(R/\mathfrak{a}) = \ell((\underline{x}) : \mathfrak{a}/(\underline{x}))$

Beweis: 1.45 folgt aus Satz 1.44 für den nulldimensionalen Gorensteinring $R/(\underline{x})$.

Zum Abschluß folgt ein Satz, in dem Gorensteinringe der Dimension 1 charakterisiert werden:

Satz 1.46.
Sei R ein eindimensionaler, lokaler CM-Ring. Dann sind die folgenden Aussagen äquivalent:

a) R ist ein Gorensteinring.
b) Jedes Hauptideal, das von einem NNT x aus $\mathfrak{m}$ erzeugt wird, ist irreduzibel.
c) Es existiert ein irreduzibles Hauptideal, das von einem NNT aus $\mathfrak{m}$ erzeugt wird.
d) Für jeden NNT x aus $\mathfrak{m}$ ist $\ell((x) :_R \mathfrak{m}/(x)) = 1$
(dabei sei $(x) :_R \mathfrak{m} = \{r \in R \mid r\mathfrak{m} \subseteq (x)\}$)
e) $\ell(\mathfrak{m}^{-1}/R) = 1$
(dabei sei $\mathfrak{m}^{-1} = \{y \in Q(R) \mid y \cdot \mathfrak{m} \subseteq R\}$ und Q(R) der volle Quotientenring von R.)

<u>Beweis:</u> Die Äquivalenz von a), b) und c) folgt aus 1.42. Die Äquivalenz a) <=> d) ergibt sich aus dem Isomorphismus von R-Moduln $(x) :_R \mathfrak{m}/(x) \cong \mathrm{Hom}_{R/(x)}(R/\mathfrak{m}, R/(x)) \cong \gamma(R/(x))$ und der Charakterisierung von Gorensteinringen durch die Dimension des Sockels (vgl. Satz 1.41).

Nun ist noch die Äquivalenz d) <=> e) zu zeigen:
Dazu stellt man einen Isomorphismus $(x) :_R \mathfrak{m}/(x) \cong \mathfrak{m}^{-1}/R$ her. Man definiert zunächst einen Homomorphismus

$$\mu_{x^{-1}} : (x) :_R \mathfrak{m} \longrightarrow \mathfrak{m}^{-1}$$

durch

$$\mu_{x^{-1}} : \quad r \longmapsto x^{-1} \cdot r$$

$\mu_{x^{-1}}$ ist ein Epimorphismus, wie man folgendermaßen einsieht:
Sei $y \in \mathfrak{m}^{-1}$, dann ist $xy \in R$, da $x \in \mathfrak{m}$, also $y = x^{-1}r$, $r \in R$. Ferner folgt $r\mathfrak{m} = xy\mathfrak{m} \subseteq (x)$ und somit die Behauptung.
Geht man dann zur Restklasse modulo R über, so erhält man die zusammengesetzte Abbildung $\tilde{\mu}_{x^{-1}} : (x) :_R \mathfrak{m} \to \mathfrak{m}^{-1}/R$; sie ist ebenfalls ein Epimorphismus. Man rechnet leicht nach, daß $\mathrm{Ker}\,(\tilde{\mu}_{x^{-1}}) = (x)$ ist; es folgt $(x) :_R \mathfrak{m}/(x) \cong \mathfrak{m}^{-1}/R$, und also gilt für die Längen $\ell((x) :_R \mathfrak{m}/(x)) = \ell(\mathfrak{m}^{-1}/R)$.

2. Vortrag: E. Kunz

Beispiel: Die kanonische Idealklasse eines eindimensionalen Cohen-Macaulay-Rings

In diesem Vortrag wird für eindimensionale Cohen-Macaulay-Ringe der Begriff des kanonischen Ideals eingeführt.
Für eine große Klasse von Ringen wird die Existenz solcher Ideale bewiesen.

Das kanonische Ideal eines eindimensionalen CM-Rings entspricht dem später zu definierenden kanonischen Modul der lokalen Dualitätstheorie. Für eindimensionale Ringe lassen sich viele Aussagen über den kanonischen Modul auf sehr elementare Weise direkt beweisen. Dies soll gewissermaßen als Beispiel für die allgemeine Theorie in diesem und im folgenden Vortrag gezeigt werden. Anwendungen des kanonischen Ideals werden im 3. Vortrag gegeben.

1. Hom und Idealquotient

R sei ein kommutativer Ring mit 1, K = Q(R) sein voller Quotientenring. $\mathfrak{a},\mathfrak{b} \in K$ seien zwei gebrochene Ideale mit $\mathfrak{a}K = k = \mathfrak{b}K$. Gleichbedeutend mit $\mathfrak{a}K = K$ ist, daß $\mathfrak{a}$ einen Nichtnullteiler von R enthält.

Es sei $\mathfrak{a} : \mathfrak{b} = \{x \in K \mid x\mathfrak{b} \subseteq \mathfrak{a}\}$ und

$$\phi : \mathfrak{a} : \mathfrak{b} \longrightarrow \mathrm{Hom}_R(\mathfrak{b},\mathfrak{a})$$

die Abbildung, die $x \in \mathfrak{a} : \mathfrak{b}$ die Multiplikation mit x in $\mathrm{Hom}_R(\mathfrak{b},\mathfrak{a})$ zuordnet.

Lemma 2.1. ϕ ist ein Isomorphismus von R-Moduln.

Beweis: Jedes $\ell \in \mathrm{Hom}_R(\mathfrak{b},\mathfrak{a})$ läßt sich eindeutig fortsetzen zu einer R-linearen Abbildung $\overline{\ell} : K \to K$: Für ein $\beta \in \mathfrak{b}$ und einen Nichtnullteiler $r \in R$ ist $\overline{\ell}\left(\frac{\beta}{r}\right) = \frac{1}{r}\,\ell(\beta)$.

Es sei $x := \overline{\ell}(1)$. Dann ist für $\beta \in \mathfrak{b}$ $\ell(\beta) = \beta\overline{\ell}(1) = \beta x$.

Die Abbildung

$$\mathrm{Hom}_R(\mathfrak{b},\mathfrak{a}) \longrightarrow \mathfrak{a} : \mathfrak{b}$$

$$\ell \longrightarrow \overline{\ell}(1)$$

ist daher eine Umkehrabbildung von ϕ.

<u>Korollar 2.2. Den Einheiten von K, die in $\mathfrak{a}:\mathfrak{b}$ enthalten sind, entsprechen bei ϕ eineindeutig die injektiven Abbildungen aus</u> $\mathrm{Hom}_R(\mathfrak{b},\mathfrak{a})$.

Es sei jetzt

$$\psi : \mathfrak{a} : (\mathfrak{a}:\mathfrak{b}) \longrightarrow \mathrm{Hom}_R(\mathrm{Hom}_R(\mathfrak{b},\mathfrak{a}),\mathfrak{a})$$

die Zusammensetzung der Isomorphismen

$$\mathfrak{a} : (\mathfrak{a} : \mathfrak{b}) \longrightarrow \mathrm{Hom}_R\ (\mathfrak{a} : \mathfrak{b},\mathfrak{a}) \longrightarrow \mathrm{Hom}_R\ (\mathrm{Hom}_R(\mathfrak{b},\mathfrak{a}),\mathfrak{a}).$$

$$\alpha : \mathfrak{b} \longrightarrow \mathrm{Hom}_R\ (\mathrm{Hom}_R(\mathfrak{b},\mathfrak{a}),\mathfrak{a})$$

sei die kanonische Abbildung in den Bidualmodul.

<u>Lemma 2.3. Das folgende Diagramm ist kommutativ:</u>

$$\begin{array}{ccc} & \nearrow^{\cdot} & \mathfrak{a} : (\mathfrak{a} : \mathfrak{b}) \\ \mathfrak{b} & & \downarrow \psi \\ & \searrow_{\alpha} & \mathrm{Hom}_R\ (\mathrm{Hom}_R(\mathfrak{b},\mathfrak{a}),\mathfrak{a}). \end{array}$$

<u>Beweis:</u> $\beta \in \mathfrak{a} : (\mathfrak{a}:\mathfrak{b})$ geht bei $\mathfrak{a} : (\mathfrak{a}:\mathfrak{b}) \rightarrow \mathrm{Hom}_R(\mathfrak{a}:\mathfrak{b},\mathfrak{a})$ über in die Multiplikation μ_β mit $\beta : \beta \cdot (\mathfrak{a}:\mathfrak{b}) \subset \mathfrak{a}$.
Bei $\mathrm{Hom}_R(\mathfrak{a}:\mathfrak{b},\mathfrak{a}) \rightarrow \mathrm{Hom}_R(\mathrm{Hom}_R(\mathfrak{b},\mathfrak{a}),\mathfrak{a})$ geht μ_β über in die Abbildung, die jedem $\ell \in \mathrm{Hom}_R(\mathfrak{b},\mathfrak{a})$ das Element $\beta \cdot \overline{\ell}(1) = \ell(\beta) \in \mathfrak{a}$ zuordnet. Es folgt $\psi(\beta) = \alpha(\beta)$.

<u>2. Definition der kanonischen Idealklasse eindimensionaler Cohen-Macaulay-Ringe</u>

Unter einem <u>eindimensionalen Cohen-Macaulay-Ring</u> (CM-Ring) soll in diesem und im folgenden Vortrag ein noetherscher Ring R verstanden werden, für den gilt: Für jedes maximale Ideal $\mathfrak{m}$ von R hat der lokale

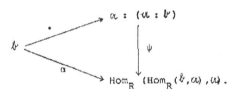

Ring $R_{\mathfrak{m}}$ die Dimension 1 und ist ein Cohen-Macaulay-Ring im Sinne von 1.3.

R ist ein Gorensteinring, wenn $R_{\mathfrak{m}}$ für alle maximalen Ideale $\mathfrak{m}$ von R ein Gorensteinring im Sinne von 1.39 ist.

R sei jetzt ein eindimensionaler CM-Ring, $K = Q(R)$ sein voller Quotientenring.

Definition 2.4. Ein gebrochenes R-Ideal $\mathfrak{k} \subset K$ heißt ein kanonisches Ideal von R, wenn gilt:

a) $\mathfrak{k} \cdot K = K$ (oder äquivalent damit: $\mathfrak{k}$ enthält einen NNT von R)

b) Ist $\mathfrak{a}$ ein beliebiges gebrochenes R-Ideal mit $\mathfrak{a}K = K$, dann gilt

$$\mathfrak{a} = \mathfrak{k} : (\mathfrak{k} : \mathfrak{a})$$

Bemerkung: Es genügt, b) zu fordern für Ideale $\mathfrak{a} \subseteq R$ mit $\mathfrak{a}K = K$.

Äquivalent mit b) ist nach 2.3, daß der kanonische Homomorphismus $\mathfrak{a} \to \mathrm{Hom}(\mathrm{Hom}(\mathfrak{a},\mathfrak{k}),\mathfrak{k})$ ein Isomorphismus ist.

Beispiele: a) Ist R ein Dedekindring, dann ist jedes gebrochene Ideal $\neq 0$ ein kanonisches Ideal.

b) Für einen eindimensionalen CM-Ring gilt $(\mathfrak{a}^{-1})^{-1} = \mathfrak{a}$ für jedes gebrochene Ideal mit $\mathfrak{a}K = K$ genau dann, wenn R Gorensteinring ist (vgl. 3.4 oder [4]). Dies bedeutet: Genau dann ist R ein kanonisches Ideal von R, wenn R Gorensteinring ist.

Viele Anwendungen eines kanonischen Ideals beruhen auf der folgenden, unmittelbar aus der Definition 2.4 folgenden

Bemerkung 2.5. a) Ist $\mathfrak{k}$ ein kanonisches Ideal von R, dann ist $\mathfrak{k} : \mathfrak{k} = R \cong \mathrm{Hom}_R(\mathfrak{k},\mathfrak{k})$.

b) Die Ketten $\mathfrak{a}_1 \subset \mathfrak{a}_2 \subset \ldots \subset \mathfrak{a}_m$ von gebrochenen R-Idealen mit $\mathfrak{a}_1 K = K$ entsprechen eineindeutig den Ketten

$$\mathfrak{k} : \mathfrak{a}_1 \supset \mathfrak{k} : \mathfrak{a}_2 \supset \ldots \supset \mathfrak{k} : \mathfrak{a}_m .$$

c) Insbesondere ist $\ell(\mathfrak{a}/\mathfrak{b}) = \ell(\mathfrak{k}:\mathfrak{b}/\mathfrak{k}:\mathfrak{a})$, wenn $\mathfrak{a} \supseteq \mathfrak{b}$ gebrochene Ideale mit $\mathfrak{a}K = \mathfrak{b}K = K$ sind.

d) Besagt, daß ein kanonisches Ideal eine Dualität für die gebrochenen Ideale liefert, die einen NNT enthalten.

Es sei nun $\mathfrak{m}$ ein maximales Ideal von R. Bei der kanonischen Abbildung $R \to R_{\mathfrak{m}}$ gehen NNT von R in NNT von $R_{\mathfrak{m}}$ über, es wird also ein Ringhomomorphismus $\phi : Q(R) \to Q(R_{\mathfrak{m}})$ induziert. Ist $\mathfrak{a}$ ein gebrochenes R-Ideal mit $\mathfrak{a} \cdot K = K$, dann ist $\mathfrak{a}_{\mathfrak{m}} := \phi(\mathfrak{a}) \cdot R_{\mathfrak{m}}$ ein gebrochenes $R_{\mathfrak{m}}$-Ideal mit $\mathfrak{a}_{\mathfrak{m}}Q(R_{\mathfrak{m}}) = Q(R_{\mathfrak{m}})$ und $\mathfrak{a}_{\mathfrak{m}} \cong \mathfrak{a} \otimes_R R_{\mathfrak{m}}$.

Lemma 2.6. $\mathfrak{k}$ ist genau dann ein kanonisches Ideal von R, wenn $\mathfrak{k}_{\mathfrak{m}}$ ein kanonisches Ideal von $R_{\mathfrak{m}}$ ist für alle maximalen Ideale $\mathfrak{m}$ von R.

Beweis: Dies folgt aus Lemma 2.3 und dem kanonischen Isomorphismus $\mathrm{Hom}_R(\mathrm{Hom}_R(\mathfrak{a},\mathfrak{k}),\mathfrak{k}) \otimes_R R_{\mathfrak{m}} \cong \mathrm{Hom}_{R_{\mathfrak{m}}}(\mathrm{Hom}_R(\mathfrak{a}_{\mathfrak{m}},\mathfrak{k}_{\mathfrak{m}}),\mathfrak{k}_{\mathfrak{m}}))$.

Lemma 2.7. (Herzog) Ist R ein lokaler CM-Ring und $\mathfrak{k}$ ein kanonisches R-Ideal, dann ist $\mathfrak{k}$ irreduzibel im folgenden Sinne: Sind $\mathfrak{a}_1, \mathfrak{a}_2$ gebrochene R-Ideale mit $\mathfrak{k} = \mathfrak{a}_1 \cap \mathfrak{a}_2$, dann ist $\mathfrak{k} = \mathfrak{a}_1$ oder $\mathfrak{k} = \mathfrak{a}_2$.

Beweis: Es ist $R = \mathfrak{k} : \mathfrak{k} = \mathfrak{k} : (\mathfrak{a}_1 \cap \mathfrak{a}_2) \supseteq \mathfrak{k} : \mathfrak{a}_1 + \mathfrak{k} : \mathfrak{a}_2$.
Andererseits ist
$\mathfrak{k} : (\mathfrak{k}:\mathfrak{a}_1 + \mathfrak{k}:\mathfrak{a}_2) = \mathfrak{k} : (\mathfrak{k}:\mathfrak{a}_1) \cap \mathfrak{k} : (\mathfrak{k}:\mathfrak{a}_2) = \mathfrak{a}_1 \cap \mathfrak{a}_2 = \mathfrak{k} = \mathfrak{k} : R$.

Es folgt nach 2.5 b), daß $R = \mathfrak{k} : \mathfrak{a}_1 + \mathfrak{k} : \mathfrak{a}_2$. Da R lokal ist, muß $R = \mathfrak{k} : \mathfrak{a}_1$ oder $R = \mathfrak{k} : \mathfrak{a}_2$ sein, d.h. $\mathfrak{k} = \mathfrak{k} : R = \mathfrak{k} : (\mathfrak{k}:\mathfrak{a}_1) = \mathfrak{a}_1$ oder analog $\mathfrak{k} = \mathfrak{a}_2$.

Bemerkung: Ein Ideal $\mathfrak{a} \subseteq R$, das irreduzibel im Sinne von 1.26 ist, braucht nicht irreduzibel im Sinne von 2.7 zu sein, z.B. kann R als gebrochenes Ideal reduzibel sein, vgl. 3.3.

Im Fall, daß mindestens ein kanonisches Ideal von R existiert, geben wir nun einen Überblick über alle kanonischen Ideale von R.

Satz 2.8. R sei ein eindimensionaler CM-Ring.

a) $\mathfrak{k}$ sei ein kanonisches Ideal von R, $\mathfrak{i}$ ein projektives (=invertierbares) R-Ideal. Dann ist auch $\mathfrak{i}\mathfrak{k}$ ein kanonisches Ideal.

b) <u>Sind $\mathfrak{k},\mathfrak{k}'$ kanonische Ideale von R, dann gibt es ein projektives R-Ideal $\mathfrak{i}$ mit $\mathfrak{k}' = \mathfrak{i}\mathfrak{k}$.</u>

<u>Beweis:</u> 1) R sei lokal.
Ein projektives R-Ideal ist dann ein gebrochenes Hauptideal, erzeugt von einer Einheit von Q(R).

a) Folgt daher sofort aus den Formeln

$x\mathfrak{k} : \mathfrak{a} = x(\mathfrak{k}:\mathfrak{a})$, $\mathfrak{k} : x\mathfrak{a} = x^{-1}(\mathfrak{k}:\mathfrak{a})$.

Sind $\mathfrak{k},\mathfrak{k}'$ zwei kanonische Ideale, dann besitzt $\mathfrak{k}' : \mathfrak{k}$ ein Erzeugendensystem $\{a_1,\dots,a_n\}$, das aus Einheiten von Q(R) besteht. Es folgt dann

$$\mathfrak{k} = \mathfrak{k}' : (\mathfrak{k}':\mathfrak{k}) = \mathfrak{k}' : (a_1,\dots,a_n) = \bigcap_{i=1}^{n}\mathfrak{k}' : (a_i).$$

Aus Lemma 2.7 ergibt sich $\mathfrak{k} = \mathfrak{k}' : (a_i)$ für ein i, also $\mathfrak{k}' = (a_i)\mathfrak{k}$.
Dies beweist b).

2) R sei beliebiger eindimensionaler CM-Ring.
Ist $\mathfrak{k}$ ein kanonisches R-Ideal, $\mathfrak{i}$ ein projektives R-Ideal und $\mathfrak{m}$ ein maximales Ideal von R, dann gilt für jedes gebrochene R-Ideal $\mathfrak{a}$ mit $\mathfrak{a}K=K$

$$\mathfrak{a} \subseteq \mathfrak{i}\mathfrak{k} : (\mathfrak{i}\mathfrak{k}:\mathfrak{a})$$

und

$$\mathfrak{a}_{\mathfrak{m}} = \mathfrak{i}_{\mathfrak{m}}\mathfrak{k}_{\mathfrak{m}} : (\mathfrak{i}_{\mathfrak{m}}\mathfrak{k}_{\mathfrak{m}} : \mathfrak{a}_{\mathfrak{m}}) = [\mathfrak{i}\mathfrak{k} : (\mathfrak{i}\mathfrak{k} : \mathfrak{a})]_{\mathfrak{m}},$$

weil $\mathfrak{i}_{\mathfrak{m}}$ Hauptideal und $\mathfrak{k}_{\mathfrak{m}}$ kanonisches Ideal von $R_{\mathfrak{m}}$ ist. Es folgt

$$\mathfrak{a} = \mathfrak{i}\mathfrak{k} : (\mathfrak{i}\mathfrak{k} : \mathfrak{a}),$$

daher ist $\mathfrak{i}\mathfrak{k}$ ein kanonisches Ideal von R.

Sind umgekehrt $\mathfrak{k},\mathfrak{k}'$ zwei kanonische Ideale von R, so setzen wir $\mathfrak{i} = \mathfrak{k}':\mathfrak{k}$. Dann ist $\mathfrak{i}_{\mathfrak{m}} = \mathfrak{k}'_{\mathfrak{m}} : \mathfrak{k}_{\mathfrak{m}}$ nach 1) ein Hauptideal, also $\mathfrak{i}$ projektiv. Ferner gilt

$$\mathfrak{i}\mathfrak{k} \subseteq \mathfrak{k}'$$

und $(\mathfrak{i}\mathfrak{k})_{\mathfrak{m}} = \mathfrak{i}_{\mathfrak{m}}\mathfrak{k}_{\mathfrak{m}} = \mathfrak{k}'_{\mathfrak{m}}$ für alle maximalen Ideale von R. Es folgt $\mathfrak{i}\mathfrak{k} = \mathfrak{k}'$.

Die gebrochenen R-Ideale, die einen NNT von R enthalten, bilden bezüglich der Multiplikation eine Halbgruppe, die projektiven R-Ideale $\neq 0$

eine darin enthaltene Gruppe. Die kanonischen Ideale bilden eine Nebenklasse modulo dieser Gruppe. Diese Klasse heiße die kanonische Idealklasse von R.

Es gilt z.B. (Siehe das obige Beispiel 2)): R ist genau dann ein Gorensteinring, wenn die kanonische Klasse die Klasse der projektiven Ideale ist.

3. Existenz kanonischer Ideale

Satz 2.9. R sei ein reduzierter eindimensionaler Cohen-Macaulay-Ring. Es existiere ein Dedekindring $P \subseteq R$, so daß R endlich erzeugter P-Modul ist. Dann existiert die kanonische Klasse von R.

Beweis: Es sei $Q(P) = K$, $Q(R) = L$.
K ist ein Körper und L ein direktes Produkt von endlichen Körpererweiterungen von K:

$$L = \prod_{i=1}^{s} L_i \cong K \otimes_P R.$$

Man hat eine Injektion

$$\mathrm{Hom}_P(R,P) \xrightarrow{\subset} \mathrm{Hom}_P(R,P) \otimes_P K = \mathrm{Hom}_K(L,K)$$

und aus den bekannten Isomorphismen (von L_i-Vektorräumen)

$$\mathrm{Hom}_K(L_i,K) \cong L_i \qquad (i=1,\ldots,s)$$

ergibt sich ein Isomorphismus (von L-Moduln)

$$\mathrm{Hom}_K(L,K) \cong L.$$

Wir erhalten eine Einbettung $\mathrm{Hom}_P(R,P) \xrightarrow{\subset} L$.
Ist $\mathfrak{k}$ das Bild von $\mathrm{Hom}_P(R,P)$ in L, dann ist $\mathfrak{k}$ ein gebrochenes R-Ideal mit $\mathfrak{k} \cdot L = L$. Wir zeigen, daß $\mathfrak{k}$ ein kanonisches Ideal von R ist.

Ist $\mathfrak{a}$ irgendein gebrochenes R-Ideal mit $\mathfrak{a}L = L$, dann haben wir zu zeigen, daß die kanonische Abbildung

$$\alpha : \mathfrak{a} \longrightarrow \mathrm{Hom}_R(\mathrm{Hom}_R(\mathfrak{a},\mathfrak{k}),\mathfrak{k}))$$

bijektiv ist (Lemma 2.3).

Aus der kanonischen Isomorphie

$$\mathrm{Hom}_R(\mathfrak{a},\mathrm{Hom}_P(R,P)) \cong \mathrm{Hom}_P(\mathfrak{a},P)$$

ergibt sich, daß α identifiziert werden kann mit der kanonischen Abbildung

$$\alpha' : \mathfrak{a} \to \mathrm{Hom}_P(\mathrm{Hom}_P(\mathfrak{a},P),P).$$

Da P ein Dedekindring ist und $\mathfrak{a}$ ein torsionsfreier P-Modul, ist α' ein Isomorphismus, also auch α, q.e.d.

<u>Lemma 2.10. Ist R ein eindimensionaler lokaler CM-Ring, so existiert die kanonische Idealklasse von R genau dann, wenn die kanonische Idealklasse von $\hat{R}$ existiert.</u>

<u>Beweis:</u> Ist $\hat{\mathfrak{k}}$ ein kanonisches Ideal von $\hat{R}$, so dürfen wir nach Multiplikation mit einem geeigneten Faktor annehmen, daß $\hat{\mathfrak{k}}$ ein Primärideal zum maximalen Ideal $\hat{\mathfrak{m}}$ von $\hat{R}$ ist. Aus dem nachfolgenden Lemma 2.11 folgt, daß es ein Primärideal $\mathfrak{k}$ zum maximalen Ideal $\mathfrak{m}$ von R gibt mit $\hat{\mathfrak{k}} = \mathfrak{k}\cdot\hat{R} = \mathfrak{k} \otimes_R \hat{R}$.

Es sei nun $\mathfrak{a} \subsetneq R$ ein Ideal, das einen NNT enthält. Der kanonische Homomorphismus

$$(*) \qquad \alpha : \mathfrak{a} \to \mathrm{Hom}_R(\mathrm{Hom}_R(\mathfrak{a},\mathfrak{k}),\mathfrak{k})$$

wird nach Tensorierung mit $\hat{R}$ zu einem Isomorphismus:

$$\alpha \otimes_R \hat{R} : \mathfrak{a} \otimes_R \hat{R} \to \mathrm{Hom}_{\hat{R}}(\mathrm{Hom}_{\hat{R}}(\mathfrak{a} \otimes_R \hat{R},\hat{\mathfrak{k}}),\hat{\mathfrak{k}}).$$

Folglich ist α ein Isomorphismus und $\mathfrak{k}$ kanonisches Ideal von R.

Ist umgekehrt $\mathfrak{k}$ ein kanonisches Ideal von R, das o.E. $\mathfrak{m}$-primär vorausgesetzt werden kann, so ist $\hat{\mathfrak{k}} = \hat{\mathfrak{k}}\cdot R = \mathfrak{k} \otimes_R \hat{R}$ ein kanonisches Ideal von $\hat{R}$. Wir brauchen nur nachzuprüfen, daß der kanonische Homomorphismus

$$\hat{\alpha} : \hat{\mathfrak{a}} \to \mathrm{Hom}_{\hat{R}}(\mathrm{Hom}_{\hat{R}}(\hat{\mathfrak{a}},\hat{\mathfrak{k}}),\hat{\mathfrak{k}})$$

ein Isomorphismus ist, wenn $\hat{\mathfrak{a}}$ ein Ideal von $\hat{R}$ ist, das einen NNT enthält. Dann ist aber $\hat{\mathfrak{a}} = \mathfrak{a}\cdot R \cong \mathfrak{a} \otimes_R \hat{R}$ mit einem Ideal $\mathfrak{a} \subseteq R$, das einen

NNT enthält und $\hat{\alpha} = \alpha \otimes \hat{R}$ mit α wie in (*). Da α ein Isomorphismus ist, gilt das gleiche für $\hat{\alpha}^R$.

Lemma 2.11. R sei ein noetherscher lokaler Ring mit dem maximalen Ideal $\mathfrak{m}$, $\hat{R}$ seine Komplettierung, $\hat{\mathfrak{m}} = \mathfrak{m}\hat{R}$. Zu jedem $\hat{\mathfrak{m}}$-primären Ideal $\hat{\mathfrak{q}}$ gibt es ein $\mathfrak{m}$-primäres Ideal $\mathfrak{q}$ mit $\hat{\mathfrak{q}} = \mathfrak{q} \cdot \hat{R}$.

Beweis: $\phi : R \to \hat{R} \to \hat{R}/\hat{\mathfrak{q}}$ ist surjektiv. Ist $\mathfrak{q} = \mathrm{Kern}(\phi)$, dann ist $\hat{R}/\hat{\mathfrak{q}} \cong R/\mathfrak{q}$. Aus der exakten Folge

$$0 \to \mathfrak{q} \to R \to R/\mathfrak{q} \to 0$$

ergibt sich durch Tensorieren mit $\hat{R}$ eine exakte Folge

$$0 \to \mathfrak{q} \otimes_R \hat{R} \to \hat{R} \to \hat{R}/\hat{\mathfrak{q}} \to 0.$$

Es folgt $\hat{\mathfrak{q}} \cong \mathfrak{q} \otimes_R \hat{R}$.

Korollar 2.12. Ist R ein eindimensionaler lokaler Ring und ist R analytisch unverzweigt (d.h. $\hat{R}$ reduziert), dann existiert die kanonische Idealklasse von R.

Beweis: Da $\hat{R}$ reduziert ist, ist $\hat{R}$ ein CM-Ring (da $\dim \hat{R} = 1$), also auch R. Nach 2.10 genügt es, die Existenz der kanonischen Idealklasse zu beweisen, wenn R komplett und reduziert ist. Nach den Struktursätzen von Cohen für komplette lokale Ringe existiert in diesem Fall ein diskreter Bewertungsring $P \subseteq R$, so daß R endlicher P-Modul ist. Nach Satz 2.9 existiert dann die kanonische Idealklasse von R.

Bemerkung: Für eindimensionale lokale CM-Ringe R wird später gezeigt, daß die kanonische Idealklasse genau dann existiert, wenn gilt: Für alle Primideale $\mathfrak{p} \in \mathrm{Spek}(\hat{R})$ mit der Höhe 0 ist $\hat{R}_{\mathfrak{p}}$ ein Gorensteinring. (vgl. 6.20).
Äquivalent hiermit ist die folgende Bedingung:
Ist K der volle Quotientenring von R, so ist $K \otimes_R \hat{R}$ lokal ein Gorensteinring (d.h. die Lokalisierungen nach dem maximalen Idealen sind Gorensteinringe). Es gibt eindimensionale lokale Integritätsbereiche, für die diese Bedingung verletzt ist (vgl. D. Ferrand u. M. Raynaud, Fibres formelles d'un anneau local noetherien, Ann. scient. Éc. Norm. Sup., 4e serie, t.3 (1970), 295-311). Es gibt also eindimensionale lokale Integritätsbereiche ohne kanonisches Ideal.

3. Vortrag: J. Herzog

Die Struktur des kanonischen Ideals eines eindimensionalen CM-Rings; Charakterisierung eindimensionaler Gorensteinringe

Wir wollen in diesem Vortrag stets voraussetzen, daß R ein eindimensionaler CM-Ring im Sinne des 2. Vortrags ist. Sei $\mathfrak{k}$ ein kanonisches Ideal von R. Dann ist nach 2.6 $\mathfrak{k}_{\mathfrak{m}}$ ein kanonisches Ideal von $R_{\mathfrak{m}}$, welches nach 2.8 bis auf Multiplikation mit einem NNT von $R_{\mathfrak{m}}$ eindeutig bestimmt ist. Daher ist $\mu(\mathfrak{k}_{\mathfrak{m}}) := \ell(\mathfrak{k}_{\mathfrak{m}}/\mathfrak{m}\mathfrak{k}_{\mathfrak{m}})$ eine Invariante von $R_{\mathfrak{m}}$. Tatsächlich gilt

Lemma 3.1. $\mu(\mathfrak{k}_{\mathfrak{m}}) = r(R_{\mathfrak{m}})$ für alle maximalen Ideale von R. (Wobei $r(R_{\mathfrak{m}})$ die in 1.20 eingeführte Invariante eines lokalen CM-Rings ist).

Beweis: Wir dürfen von vornherein annehmen, daß R lokal und $\mathfrak{k}$ kanonisches Ideal von R ist.
Nach 2.5 c) ist $\mu(\mathfrak{k}) = \ell(\mathfrak{k}/\mathfrak{k}\mathfrak{m}) = \ell(\mathfrak{k}:\mathfrak{k}\mathfrak{m}/\mathfrak{k}:\mathfrak{k})$. Aus der allgemein gültigen Regel $\mathfrak{a} : \mathfrak{b}\mathfrak{c} = (\mathfrak{a}:\mathfrak{b}) : \mathfrak{c}$ und 2.5 a) ergibt sich $\ell(\mathfrak{k}:\mathfrak{k}\mathfrak{m}/\mathfrak{k}:\mathfrak{k}) = \ell((\mathfrak{k}:\mathfrak{k}):\mathfrak{m}/\mathfrak{k}:\mathfrak{k}) = \ell(\mathfrak{m}^{-1}/R)$. Insgesamt erhalten wir $\mu(\mathfrak{k}) = \ell(\mathfrak{m}^{-1}/R)$. Die Behauptung folgt nun aus der Isomorphie $\mathfrak{m}^{-1}/R \cong \gamma(R/(x))$, wenn $x \in \mathfrak{m}$ ein NNT ist (vgl. Beweis von 1.46).

Bemerkung 3.2. Lemma 3.1 impliziert insbesondere, daß R ein Gorensteinring ist, falls $\mathfrak{k}$ ein projektives Ideal ist.

Die Umkehrung dieser Aussage ergibt sich aus dem folgenden Satz.

Satz 3.3. $\mathfrak{k}$ sei ein gebrochenes R-Ideal, das einen NNT von R enthält. Folgende Aussagen sind äquivalent:

a) $\mathfrak{k}$ ist ein kanonisches Ideal von R.

b) Für alle maximalen Ideale $\mathfrak{m}$ von R ist $\mathfrak{k}_{\mathfrak{m}}$ irreduzibel im Sinne von 2.7.

c) Für alle maximalen Ideale $\mathfrak{m}$ von R ist

$$\ell(\mathfrak{k}:\mathfrak{m}/\mathfrak{k}) = 1$$

Beweis: Da die Bedingungen a) und c) offenbar genau dann erfüllt sind, wenn sie lokal für alle maximalen Ideale von R erfüllt sind, dürfen wir ohne Einschränkung annehmen, daß R lokal ist.

a) → b) wurde bereits in 2.7 gezeigt.

b) → c): Da R eindimensional ist und $\mathfrak{k}$ einen NNT enthält, folgt leicht, daß $\ell(\mathfrak{k}:\mathfrak{m}/\mathfrak{k}) \geq 1$.

Angenommen, es sei $\ell(\mathfrak{k}:\mathfrak{m}/\mathfrak{k}) > 1$. Dann existieren Elemente $x_i \in \mathfrak{k} : \mathfrak{m}$, $x_i \notin \mathfrak{k}$, so daß $(\mathfrak{k},x_1) \neq (\mathfrak{k},x_2)$. Sei $x \in (\mathfrak{k},x_1) \cap (\mathfrak{k},x_2)$, also $x = k_1 + r_1x_1 = k_2 + r_2x_2$, $k_i \in \mathfrak{k}, r_i \in R$. Sind r_1 und r_2 Einheiten in R, dann ist $(\mathfrak{k},x_1) = (\mathfrak{k},x_2)$, ein Widerspruch. Wir dürfen also annehmen, daß $r_1 \in \mathfrak{m}$. Es folgt, daß $r_1x_1 \in \mathfrak{k}$ und somit auch $x \in \mathfrak{k}$. Damit ist gezeigt, daß $\mathfrak{k} = (\mathfrak{k},x_1) \cap (\mathfrak{k},x_2)$, im Widerspruch zur Annahme, daß $\mathfrak{k}$ irreduzibel ist.

c) → a): <u>1. Schritt:</u> Seien $\mathfrak{a},\mathfrak{b}$ gebrochene Ideale, die einen NNT enthalten, und sei $\mathfrak{b}$ enthalten in $\mathfrak{a}$. Dann ist $\ell(\mathfrak{a}/\mathfrak{b}) \geq \ell(\mathfrak{k}:\mathfrak{b}/\mathfrak{k}:\mathfrak{a})$.

<u>Beweis:</u> Wir dürfen annehmen, daß $\ell(\mathfrak{a}/\mathfrak{b}) = 1$. Die volle Aussage ergibt sich dann durch vollständige Induktion nach der Länge von $\mathfrak{a}/\mathfrak{b}$.

Da $\ell(\mathfrak{a}/\mathfrak{b}) = 1$ und $\mathfrak{a}$ einen NNT enthält, existiert ein NNT $x \in \mathfrak{a}$ mit $\mathfrak{a} = (\mathfrak{b},x)$ und $x\mathfrak{m} \subseteq \mathfrak{b}$. Sei $y \in \mathfrak{k} : \mathfrak{b}$, dann ist $yx\mathfrak{m} \subseteq y\mathfrak{b} \subseteq \mathfrak{k}$, also $yx \in \mathfrak{k} : \mathfrak{m}$. Wir erhalten also eine R-lineare Abbildung $\mu_x : \mathfrak{k}:\mathfrak{b} \to \mathfrak{k}:\mathfrak{m}, \mu_x(y) = yx$. Sei $\tilde{\mu}_x : \mathfrak{k}:\mathfrak{b} \to \mathfrak{k}:\mathfrak{m}/\mathfrak{k}$, die durch μ_x induzierte Abbildung. Man überlegt sich leicht, daß der Kern von $\tilde{\mu}_x$ gerade $\mathfrak{k}:\mathfrak{a}$ ist. Also kann $\mathfrak{k}:\mathfrak{b}/\mathfrak{k}:\mathfrak{a}$ als R-Untermodul von $\mathfrak{k}:\mathfrak{m}/\mathfrak{k}$ aufgefaßt werden. Es folgt $\ell(\mathfrak{k}:\mathfrak{b}/\mathfrak{k}:\mathfrak{a}) \leq \ell(\mathfrak{k}:\mathfrak{m}/\mathfrak{k}) = 1$.

<u>2. Schritt:</u> $\mathfrak{k} : \mathfrak{k} = R$.

<u>Beweis:</u> Es existiert ein NNT x mit $x\mathfrak{k} \subseteq R$.
Da $x\mathfrak{k} : x\mathfrak{k} = \mathfrak{k} : \mathfrak{k}$ und $\ell(x\mathfrak{k}:\mathfrak{m}/x\mathfrak{k}) = \ell(\mathfrak{k}:\mathfrak{m}/\mathfrak{k})$, dürfen wir ohne Einschränkung annehmen, daß $\mathfrak{k} \subseteq R$. Aus dem 1. Schritt des Beweises folgt $\ell(R/\mathfrak{k}) \geq \ell(\mathfrak{k}:\mathfrak{k}/\mathfrak{k})$. Offenbar umfaßt $\mathfrak{k}:\mathfrak{k}$ den Ring R, daher ist

$$\ell(\mathfrak{k}:\mathfrak{k}/\mathfrak{k}) = \ell(\mathfrak{k}:\mathfrak{k}/R) + \ell(R/\mathfrak{k}).$$

Zusammen mit obiger Ungleichung folgt $\ell(\mathfrak{k}:\mathfrak{k}/R) = 0$, also $\mathfrak{k} : \mathfrak{k} = R$.

<u>3. Schritt:</u> (Beweis des Satzes)

Sei $\mathfrak{a}$ ein gebrochenes Ideal, das einen NNT enthält.
Es existieren NNT $x,y \in R$ mit $R \supseteq y\mathfrak{a} \supseteq x\mathfrak{k}$.

Falls $y\mathfrak{a} = x\mathfrak{k} : (x\mathfrak{k} : y\mathfrak{a})$, dann gilt auch $\mathfrak{a} = \mathfrak{k} : (\mathfrak{k} : \mathfrak{a})$. Wir dürfen also ohne Einschränkung annehmen, daß $R \supseteq \mathfrak{a} \supseteq \mathfrak{k}$. Es folgt

$$(1) \qquad \ell(R/\mathfrak{k}) = \ell(R/\mathfrak{a}) + \ell(\mathfrak{a}/\mathfrak{k}).$$

Aus Schritt 1 und 2 des Beweises ergeben sich die Ungleichungen

$$(2) \qquad \ell(R/\mathfrak{a}) \geq \ell(\mathfrak{k} : \mathfrak{a}/\mathfrak{k}) \qquad \text{und}$$

$$(3) \qquad \ell(\mathfrak{a}/\mathfrak{k}) \geq \ell(\mathfrak{k} : \mathfrak{k}/\mathfrak{k} : \mathfrak{a}) = \ell(R/\mathfrak{k} : \mathfrak{a})$$

Setzt man (2) und (3) in (1) ein, dann erhält man

$$\ell(R/\mathfrak{k}) \geq \ell(R/\mathfrak{k} : \mathfrak{a}) + \ell(\mathfrak{k} : \mathfrak{a}/\mathfrak{k}) = \ell(R/\mathfrak{k})$$

Es folgt, daß in (2) und (3) sogar Gleichheit gilt. Wir erhalten also für alle Ideale $\mathfrak{a}$ mit $R \supseteq \mathfrak{a} \supseteq \mathfrak{k}$

$$(4) \qquad \ell(R/\mathfrak{a}) = \ell(\mathfrak{k} : \mathfrak{a}/\mathfrak{k}) \qquad \text{und}$$

$$(5) \qquad \ell(\mathfrak{a}/\mathfrak{k}) = \ell(R/\mathfrak{k} : \mathfrak{a})$$

Wenden wir (5) auf das Ideal $\mathfrak{k} : \mathfrak{a}$ (anstelle von $\mathfrak{a}$) an, dann ergibt sich zusammen mit (4)

$$(6) \qquad \ell(R/\mathfrak{a}) = \ell(\mathfrak{k} : \mathfrak{a}/\mathfrak{k}) = \ell(R/\mathfrak{k} : (\mathfrak{k} : \mathfrak{a}))$$

Aus der trivialen Beziehung $\mathfrak{k} : (\mathfrak{k} : \mathfrak{a}) \supseteq \mathfrak{a}$ folgt unter Beachtung von (6) die Behauptung.

(Die wesentlichen Beweisschritte finden sich in etwas anderem Zusammenhang in [16], Ch. IV, S. 248, Satz 34).

Korollar 3.4. Folgende Aussagen sind äquivalent:

a) R ist ein Gorensteinring.
b) R ist kanonisches Ideal von R.
c) Ist $\mathfrak{k}$ ein kanonisches Ideal von R, dann ist $(\mathfrak{k}^{-1})^{-1} = \mathfrak{k}$.
d) Ist $\mathfrak{k}$ ein kanonisches Ideal von R, dann ist $\mathfrak{k}\mathfrak{k}^{-1} = R$.
e) Für alle gebrochenen Ideale $\mathfrak{a}$ von R, die einen NNT von R enthalten, ist $(\mathfrak{a}^{-1})^{-1} = \mathfrak{a}$.

f) Für alle Ideale $\mathfrak{a} \subseteq R$, die einen NNT enthalten, ist $\ell(R/\mathfrak{a}) = \ell(\mathfrak{a}^{-1}/R)$.

g) Jedes gebrochene Ideal von R, das einen NNT von R enthält, ist Durchschnitt gebrochener Hauptideale.

Beweis: Zum Beweis der Äquivalenzen a) - d) dürfen wir wieder annehmen, daß R lokal ist, da diese Bedingungen genau dann erfüllt sind, wenn sie lokal für alle maximalen Ideale von R erfüllt sind.

a) $\rightarrow$ b): Da R Gorensteinring ist, gilt $\ell(\mathfrak{m}^{-1}/R) = 1$. (vgl. 1.46). Aus 3.3 folgt die Behauptung.

b) $\rightarrow$ a) ergibt sich unmittelbar aus 3.1.

b) $\rightarrow$ c): Aus b) folgt, daß $\mathfrak{k}$ ein Hauptideal ist, erzeugt von einem NNT. Somit ist c) trivial.

c) $\rightarrow$ d): Es ist $\mathfrak{k} : \mathfrak{k}\mathfrak{k}^{-1} = (\mathfrak{k}:\mathfrak{k}) : \mathfrak{k}^{-1} = R : \mathfrak{k}^{-1} = (\mathfrak{k}^{-1})^{-1}$
Nach Voraussetzung ist $(\mathfrak{k}^{-1})^{-1} = \mathfrak{k}$, also $\mathfrak{k} : \mathfrak{k}\mathfrak{k}^{-1} = \mathfrak{k}$. Es folgt $\mathfrak{k}\mathfrak{k}^{-1} = \mathfrak{k} : (\mathfrak{k}:\mathfrak{k}\mathfrak{k}^{-1}) = \mathfrak{k}:\mathfrak{k} = R$.

d) $\rightarrow$ b): Da R lokal ist, folgt aus $\mathfrak{k}\mathfrak{k}^{-1} = R$ sofort, daß $\mathfrak{k}$ ein Hauptideal ist, das von einem NNT erzeugt wird.

Von nun an soll R nicht notwendigerweise lokal sein.

b) $\rightarrow$ e) ergibt sich aus der Definition des kanonischen Ideals.

e) $\rightarrow$ f) ist trivial auf Grund der durch e) gegebenen Dualität zwischen den Idealen $\mathfrak{a}$ und $\mathfrak{a}^{-1}$.

f) $\rightarrow$ a): Für alle maximalen Ideale $\mathfrak{m}$ von R ist

$$\ell(\mathfrak{m}^{-1}/R) = \ell(R/\mathfrak{m}) = 1. \text{ Es folgt } \ell((\mathfrak{m}R_{\mathfrak{m}})^{-1}/R_{\mathfrak{m}}) = 1.$$

Also ist R ein Gorensteinring.

e) $\rightarrow$ g): Es existiert ein NNT t, so daß $t\mathfrak{a} \subseteq R$. Dies bedeutet, daß $t \in \mathfrak{a}^{-1}$. $\mathfrak{a}^{-1}$ enthält also einen NNT und wird daher von Einheiten x_i aus dem vollen Quotientenring Q(R) von R erzeugt:

$\mathfrak{a}^{-1} = (x_1,\dots,x_n)$. Man überzeugt sich leicht, daß $(\mathfrak{a}^{-1})^{-1} = \bigcap_{i=1}^{n} (x_i^{-1})$.
Da nach Voraussetzung $\mathfrak{a} = (\mathfrak{a}^{-1})^{-1}$, folgt g).

g) $\rightarrow$ e): Sei $\mathfrak{a} = \bigcap_{i=1}^{n} (x_i)$, $x_i \in Q(R)$. Da $\mathfrak{a}$ einen NNT von R enthält, sind die x_i Einheiten in Q(R). Setzen wir $\mathfrak{b} = (x_1^{-1},\dots,x_n^{-1})$, dann folgt $\mathfrak{a} = \mathfrak{b}^{-1}$, also $(\mathfrak{a}^{-1})^{-1} = ((\mathfrak{b}^{-1})^{-1})^{-1} = \mathfrak{b}^{-1} = \mathfrak{a}$.

Bemerkung: R. Berger zeigt in [4], Satz 1 die Äquivalenz von a), e) und f), für den Fall, daß R lokal ist. Im Beweis benutzt er Ergebnisse von W. Gröbner [8]. Für spätere Anwendungen wichtig ist die Äquivalenz von a) und c), vgl. 7.29.

Korollar 3.5. (Gorenstein, Apéry, Samuel)
Sei R ein lokaler eindimensionaler Gorensteinring. Die ganze Abschließung $\overline{R}$ von R sei ein endlicher R-Modul. $\mathfrak{f}$ sei der Führer von R in $\overline{R}$. Dann gilt

$$2\,\ell(R/\mathfrak{f}) = \ell(\overline{R}/\mathfrak{f}).$$

Beweis: Da $\mathfrak{f} = R : \overline{R}$ folgt aus 3.4 f), daß $\ell(\overline{R}/R) = \ell(R/\mathfrak{f})$. Da ferner $\ell(\overline{R}/R) = \ell(\overline{R}/\mathfrak{f}) - \ell(R/\mathfrak{f})$, ergibt sich die Behauptung.

Im folgenden Satz soll gezeigt werden, daß auch die Umkehrung von 3.5 gilt.

Satz 3.6. *Sei R ein eindimensionaler lokaler CM-Ring. Die ganze Abschließung von R sei ein endlich erzeugter R-Modul. Dann gilt mit den Bezeichnungen von 3.5:*

$$r(R) \leq \ell(\overline{R}/\mathfrak{f}) - 2\,\ell(R/\mathfrak{f}) + 1.$$

Beweis: Bevor wir zum eigentlichen Beweis des Satzes kommen, benötigen wir einige Vorbereitungen:

1. R ist reduziert: Sei nämlich $x \neq 0$ ein nilpotentes Element von R. Dann ist $x\,Q(R)$ offenbar ganz über R, also $x\,Q(R) \subseteq \overline{R}$. Da nach Voraussetzung $\overline{R}$ ein endlich erzeugter R-Modul und R noethersch ist, ist auch der Untermodul $x\,Q(R)$ ein endlich erzeugter R-Modul. Ferner ist nach Voraussetzung R ein eindimensionaler CM-Modul. Daher kann Q(R) identifiziert werden mit $\Pi R_{\mathfrak{p}_i}$, wobei die $\mathfrak{p}_i$ die minimalen Primideale von R sind. Also sind mit $x\,Q(R)$ erst recht die $x\,Q(R/\mathfrak{p}_i)$ endlich erzeugte R-Moduln. Da $x\,Q(R) \neq 0$, existiert ein $\mathfrak{p}_i$ mit $x\,R_{\mathfrak{p}_i} \neq 0$. Für ein solches Primideal setzen wir $\mathfrak{a} := \mathrm{Ann}_{R_{\mathfrak{p}_i}}(x\,R_{\mathfrak{p}_i})$. Dann ist $\mathfrak{a} \subseteq \mathfrak{p}_i R_{\mathfrak{p}_i}$

und $x\, R_{\mathfrak{p}_i} \cong R_{\mathfrak{p}_i}/\mathfrak{a}\cdot R_{\mathfrak{p}_i}/\mathfrak{p}_i R_{\mathfrak{p}_i} \cong Q(R/\mathfrak{p}_i)$ kann daher als epimorphes Bild von $x\, R_{\mathfrak{p}_i}$ aufgefaßt werden und ist somit ein endlich erzeugter R-Modul, also trivialerweise auch ein endlich erzeugter $R/\mathfrak{p}_i$-Modul. Da $R/\mathfrak{p}_i$ ein Integritätsbereich ist, folgt hieraus $R/\mathfrak{p}_i = Q(R/\mathfrak{p}_i)$. Dies ist ein Widerspruch, da $\mathfrak{p}_i$ nicht maximal ist.

2. $\overline{R}$ ist ein Hauptidealring: Wir erhalten ein kommutatives Diagramm

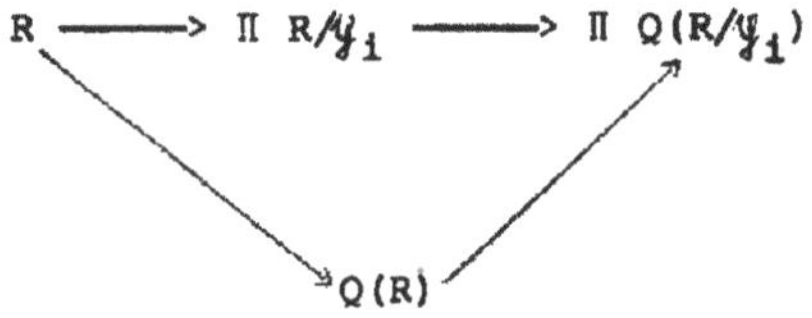

$R \to \prod R/\mathfrak{p}_i$ ist injektiv und $Q(R) \to \prod Q(R/\mathfrak{p}_i)$ ein Isomorphismus, da nach 1. R reduziert ist. Identifiziert man Q(R) vermöge dieses Isomorphismus mit $\prod Q(R/\mathfrak{p}_i)$, dann erhält man folgende Inklusionen:

$$R \subseteq \prod R/\mathfrak{p}_i \subseteq Q(R).$$

Da $\prod R/\mathfrak{p}_i$ ein endlich erzeugter R-Modul ist, stimmt die ganze Abschließung von R und $\prod R/\mathfrak{p}_i$ überein. Es gilt also $\overline{R} = \overline{\prod R/\mathfrak{p}_i}$. Sei $\overline{R/\mathfrak{p}_i}$ die ganze Abschließung von $R/\mathfrak{p}_i$ in $Q(R/\mathfrak{p}_i)$. Man überlegt sich leicht, daß $\overline{\prod R/\mathfrak{p}_i} = \prod \overline{R/\mathfrak{p}_i}$, also $\overline{R} = \prod \overline{R/\mathfrak{p}_i}$. Nach Voraussetzung ist $\overline{R}$ ein endlich erzeugter R-Modul. Dann müssen aber auch die $\overline{R/\mathfrak{p}_i}$ endlich erzeugten R-Moduln und daher erst recht endlich erzeugte $R/\mathfrak{p}_i$-Moduln sein. Die Ringe $\overline{R/\mathfrak{p}_i}$ sind also eindimensionale, semilokale, ganzabgeschlossene Integritätsbereiche, also Hauptidealringe, vgl. z.B. [16], Ch. V, S. 278, Th. 16. Es folgt, daß auch $\overline{R}$ als Produkt von Hauptidealringen ein Hauptidealring ist.

3. R ist analytisch unverzweigt (d.h. die Komplettierung $\hat{R}$ von R ist reduziert): Nach 1. ist R reduziert, also $0 = \bigcap \mathfrak{p}_i$. Da $\hat{R}$ ein treuflacher R-Modul ist, folgt $0 = \bigcap \mathfrak{p}_i\hat{R}$. Es genügt also zu zeigen, daß die Erweiterungsideale $\mathfrak{p}_i \hat{R}$ mit ihrem Radikal übereinstimmen. Im Verlauf des Beweises von 2. haben wir gesehen, daß die $\overline{R/\mathfrak{p}_i}$ endlich erzeugte $R/\mathfrak{p}_i$-Moduln sind. Hieraus folgt nach [9], 7.6.6, daß die $R/\mathfrak{p}_i$ analytisch unverzweigt sind, d.h. die $\widehat{R/\mathfrak{p}_i}$ sind reduziert. Aus dem Isomorphismus $\widehat{R/\mathfrak{p}_i} \cong \hat{R}/\mathfrak{p}\hat{R}$, folgt daher rad $\mathfrak{p}_i\hat{R} = \mathfrak{p}_i\hat{R}$, q.e.d.

4. Beweis des Satzes: Aus 3. und 2.10 folgt, daß R ein kanonisches Ideal $\mathfrak{k}$ besitzt. Da $\overline{R}$ ein endlich erzeugter R-Modul ist, gilt

$$(1) \qquad \ell(\overline{R}/R) = \ell(\mathfrak{k}/\mathfrak{k}:\overline{R})$$

Offenbar ist $\mathfrak{k} : \overline{R}$ ein gebrochenes $\overline{R}$-Ideal, das einen Nichtnullteiler enthält. Da nach 2. $\overline{R}$ Hauptidealring ist, existiert somit ein Nichtnullteiler $x \in Q(R)$ mit $\mathfrak{k} : \overline{R} = x\mathfrak{f}$. Es ist also $x^{-1}\mathfrak{k} : \overline{R} = \mathfrak{f}$. Wir dürfen uns daher ohne Einschränkung $\mathfrak{k}$ so gewählt denken, daß $\mathfrak{k} : \overline{R} = \mathfrak{f}$. Es folgt $\mathfrak{k} : \mathfrak{k}\overline{R} = (\mathfrak{k}:\mathfrak{k}) : \overline{R} = R:\overline{R} = \mathfrak{f} = \mathfrak{k}:\overline{R}$, also $\mathfrak{k}\overline{R} = \overline{R}$. Hieraus schließt man, daß es eine Einheit ε in $\overline{R}$ gibt mit $\overline{R} \supseteq \varepsilon\mathfrak{k} \supseteq R$. Ersetzen wir $\mathfrak{k}$ durch $\varepsilon\mathfrak{k}$, so gilt nach wie vor $\varepsilon\mathfrak{k} : \overline{R} = \mathfrak{f}$. Der Kürze halber schreiben wir für $\varepsilon\mathfrak{k}$ wieder $\mathfrak{k}$ und erhalten aus (1)

$$(2) \qquad \ell(\overline{R}/R) = \ell(\mathfrak{k}/\mathfrak{f}), \text{ wobei } \overline{R} \supseteq \mathfrak{k} \supseteq R.$$

Aus (2) folgt

$$(3) \qquad \ell(\overline{R}/R) = \ell(\mathfrak{k}/R) + \ell(R/\mathfrak{f}).$$

Aus dem Diagramm

$$\begin{array}{ccc} \mathfrak{k} & \supset & \mathfrak{k}\mathfrak{m} \\ \cup\!| & & \cup\!| \\ R & \supset & \mathfrak{m} \end{array}$$

erhält man

$$(4) \qquad \ell(\mathfrak{k}/R) = \ell(\mathfrak{k}/\mathfrak{m}) - \ell(R/\mathfrak{m}) = \ell(\mathfrak{k}/\mathfrak{m}) - 1 \geq \ell(\mathfrak{k}/\mathfrak{k}\mathfrak{m}) - 1$$
$$= \mu(\mathfrak{k}) - 1 = r(R) - 1, \text{ vgl. } 3.1.$$

(4) in (3) eingesetzt, liefert die gewünschte Ungleichung, wenn man noch beachtet, daß $\ell(\overline{R}/R) = \ell(\overline{R}/\mathfrak{f}) - \ell(R/\mathfrak{f})$.

Bemerkung: 3.6 wurde in [11], Prop. 2.20 bewiesen unter der Voraussetzung, daß R analytisch irreduzibel ist, die Restklassenkörper von R und $\overline{R}$ übereinstimmen und R seinen Restklassenkörper enthält.

Korollar 3.7. Es seien die Voraussetzungen von 3.6 *erfüllt.*

Dann gilt: $$2\,\ell(R/\mathfrak{f}) \leq \ell(\overline{R}/\mathfrak{f}).$$

Genau dann gilt das Gleichheitszeichen, wenn R *ein Gorensteinring ist.*

4. Vortrag: Heinz Schmitt

Grundtatsachen über lokale Kohomologiemoduln

In diesem Vortrag werden die lokalen Kohomologiemoduln definiert; es wird angegeben, wie sie sich mit Hilfe des Koszul-Komplexes berechnen lassen, und es wird gezeigt, wie man die Krulldimension und Tiefe eines endlich erzeugten Moduls über einem noetherschen lokalen Ring durch die lokalen Kohomologiemoduln charakterisieren kann. Die entsprechenden Resultate lassen sich aus [10] entnehmen. Für die Bequemlichkeit des Lesers haben wir ausführliche Beweise in der Sprache der Ringe und Moduln (ohne Verwendung von Garben) angegeben.

1. Definition der Kohomologiefunktoren

In diesem Abschnitt sei R ein noetherscher kommutativer Ring mit Einselement $\mathfrak{a}$ ein Ideal in R und M ein unitärer R-Modul. V $(\mathfrak{a})$, die Menge der Primideale in R, die $\mathfrak{a}$ enthalten, werde mit A bezeichnet.

Definition 4.1. $\Gamma_A(M)$ ist die Menge der m aus M, deren Träger in A enthalten ist.

$\Gamma_A(M)$ ist ein Untermodul von M, der sich auf folgende Arten charakterisieren läßt:

Bemerkung 4.2. a) $\Gamma_A(M) = \{m \in M /\ \mathrm{rad}\ (\mathrm{Ann}(m)) \supseteq \mathfrak{a}\}$

$= \{m \in M /$ Es existiert eine natürliche Zahl $n = n(m)$ mit $\mathfrak{a}^n \cdot m = o\}$

b) $\Gamma_A(M) \cong \varinjlim_n \mathrm{Hom}_R(R/\mathfrak{a}^n, M)$

Insbesondere erhält man

$$\Gamma_A(M) \cong \varinjlim_\nu \mathrm{Hom}_R(R/(\underline{f}^\nu), M),$$

falls $\underline{f} = \{f_1, \dots, f_r\}$ ein Erzeugendensystem von $\mathfrak{a}$ und $\underline{f}^\nu$ die Folge $\{f_1^\nu, \dots, f_r^\nu\}$ bezeichnet $(\nu \geq 1)$.

Da $\Gamma_A(\_)$ ein kovarianter, linksexakter, R-linearer Funktor von der Kategorie der R-Moduln in dieselbe Kategorie ist, besitzt $\Gamma_A(\_)$ rechtsabgeleitete Funktoren.

Definition 4.3. Die rechtsabgeleiteten Funktoren von $\Gamma_A(\_)$ werden mit $H_A^i(\_)$ bezeichnet. Für $i<0$ wird $H_A^i(\_)$ Null gesetzt. Für einen R-Modul M heißt $H_A^i(M)$ der i-te lokale Kohomologiemodul von M bzgl. A.

Bemerkung 4.4. Diese Funktoren sind also folgendermaßen charakterisiert:

1) $H_A^0(M) = \Gamma_A(M)$ und $H_A^i(M) = 0$ für $i<0$.

2) Für injektive R-Moduln M ist $H_A^i(M) = 0$ für $i \neq 0$.

3) Für jede kurze exakte Folge von R-Moduln
$0 \to M' \to M \to M'' \to 0$
erhält man eine lange exakte Folge von R-Moduln
$0 \to \Gamma_A(M') \to \Gamma_A(M) \to \Gamma_A(M'') \to H_A^1(M') \to \ldots,$
die funktoriell in den verbindenden Homomorphismen ist.

Bemerkung 4.5. Außerdem gilt für $i \geq 0$ und jedes Erzeugendensystem $\underline{f}$ von $\mathfrak{A}$:

$$H_A^i(M) \cong \varinjlim_{\nu} \operatorname{Ext}_R^i(R/(\underline{f}^{\nu}), M).$$

2. Berechnung der Kohomologiefunktoren mit Hilfe des Koszul-Komplexes

Sei $x \in R$. Mit $K_*(x)$ sei der folgende Komplex bezeichnet:

$$K_n(x) = \begin{cases} R & \text{für } n = 0,1 \\ 0 & \text{sonst} \end{cases}$$

$$d_n : K_n(x) \to K_{n-1}(x) = \begin{cases} \mu_x, & \text{die Multiplikation mit } x, \text{ für } n = 1 \\ 0 & \text{sonst} \end{cases}$$

Ist $\underline{x} = \{x_1, \ldots, x_r\}$ eine Folge von Elementen aus R, M ein R-Modul, dann ist der Koszul-Komplex $K_*(\underline{x}, M)$ zur Folge $\underline{x}$ das Tensorprodukt der Komplexe $K_*(x_i)$ $(i=1,\ldots,r)$ und M:

$$K_*(\underline{x}, M) = K_*(x_1) \otimes_R K_*(x_2) \otimes_R \ldots \otimes_R K_*(x_r) \otimes_R M.$$

$K^*(\underline{x},M)$ ist definiert durch

$$K^*(\underline{x},M) = \mathrm{Hom}_R(K_*(\underline{x},R),M).$$

Die Homologie- bzw. Kohomologiemoduln von $K_*(\underline{x},M)$ bzw. $K^*(\underline{x},M)$ werden mit $H_*(\underline{x},M)$ bzw. $H^*(\underline{x},M)$ bezeichnet.

Wieder sei $\underline{x} = \{x_1,\ldots,x_r\}$, $x_i \in R$, und $\{e_1,\ldots,e_r\}$ eine Basis von R^r über R. Dann rechnet man nach, daß

$$K_p(\underline{x},R) \cong \Lambda^p(R^r) \cong \bigoplus_{i_1<i_2<\ldots<i_p} R(e_{i_1} \wedge \ldots \wedge e_{i_p})$$

$$d_p : K_p(\underline{x},R) \to K_{p-1}(\underline{x},R)$$

ist gegeben durch:

$$e_{i_1} \wedge \ldots \wedge e_{i_p} \longmapsto \sum_{j=1}^{p} (-1)^{j-1} x_{i_j} e_{i_1} \wedge \ldots \wedge \hat{e}_{i_j} \wedge \ldots \wedge e_{i_p}.$$

Sei nun $\underline{f} = \{f_1,\ldots,f_r\}$ eine Folge von Elementen aus R; ν,t natürliche Zahlen. Für jedes $i=1,\ldots,r$ erhält man eine Kettenabbildung

$$h_i : K_*(f_i^{\nu+t}) \to K_*(f_i^{\nu}),$$

die durch das folgende Diagramm definiert wird:

$$\begin{array}{lccccccccc}
K_*(f_i^{\nu+t}) & \ldots & 0 & \longrightarrow & R & \xrightarrow{\mu_{f_i^{\nu+t}}} & R & \longrightarrow & 0 & \longrightarrow \ldots \\
 & & \downarrow 0 & & \downarrow \mu_{f_i^t} & & \downarrow id_R & & \downarrow 0 & \\
K_*(f_i^{\nu}) & \ldots & 0 & \longrightarrow & R & \xrightarrow[\mu_{f_i^{\nu}}]{} & R & \longrightarrow & 0 & \longrightarrow \ldots
\end{array}$$

$$\bar{h} : K_*(\underline{f}^{\nu+t},R) \to K_*(\underline{f}^{\nu},R)$$

sei das Tensorprodukt der Kettenabbildungen h_i $(i=1,\ldots,r)$. Dann erhält man schließlich die folgenden beiden Kettenabbildungen

$$g : K^*(\underline{f}^{\nu},M) \to K^*(\underline{f}^{\nu+t},M)$$

$$h : K_*(\underline{f}^{\nu+t},M) \to K_*(\underline{f}^{\nu},M),$$

definiert durch $g: = \mathrm{Hom}_R(\bar{h},M)$ und $h: = \bar{h} \underset{R}{\otimes} \mathrm{id}_M$.

g und h induzieren R-Modulhomomorphismen in den Kohomologie- bzw. Homologiemoduln:

$$H^i(\underline{f}^\nu,M) \to H^i(\underline{f}^{\nu+t},M)$$

$$H_i(\underline{f}^{\nu+t},M) \to H_i(\underline{f}^\nu,M)$$

Die Familie $\{H^i(\underline{f}^\nu,M) \to H^i(\underline{f}^{\nu+t},M)\}$ bildet ein direktes System von R-Moduln.

<u>Definition 4.6.</u> $\quad H^i_{\underline{f}}(M) := \varinjlim_{\nu} H^i(\underline{f}^\nu,M)$

<u>Satz 4.7. ([10], S. 20, Thm. 2.3.)</u>
<u>Es sei</u> R <u>ein noetherscher Ring</u>, $\mathfrak{A}$ <u>ein Ideal in</u> R, <u>das von dem System</u> $\underline{f} = \{f_1,\dots,f_r\} \subseteq R$ <u>erzeugt wird</u>, $A = V(\mathfrak{A})$ <u>und</u> M <u>ein</u> R-<u>Modul</u>. <u>Dann gilt</u>:

$$H^i_{\underline{f}}(M) \cong H^i_A(M).$$

<u>Beweis:</u>

1) $H^0_{\underline{f}}(M) = \Gamma_A(M)$: Um $H^0(\underline{f}^\nu,M)$ zu berechnen, betrachtet man $d_* : K^0(\underline{f}^\nu,M) \to K^1(\underline{f}^\nu,M)$. $K^0(\underline{f}^\nu,M)$ kann mit M und $K^1(\underline{f}^\nu,M)$ mit $\bigoplus_{i=1}^{r} M$ identifiziert werden. d_* ordnet einem Element $m \in M$ das r-Tupel $(f_1{}^\nu m,\dots,f_r{}^\nu m)$ zu. Deshalb gilt $H^0(\underline{f},M) = \{m \in M/(\underline{f}^\nu)m = 0\}$, also $\varinjlim H^0(\underline{f}^\nu,M) = \Gamma_A(M)$.

2) Falls $0 \to M' \to M \to M'' \to 0$ eine kurze exakte Folge von R-Moduln ist, erhält man für jedes $\nu \in \mathbb{N}$ eine kurze exakte Folge von Komplexen

$$0 \to K^*(\underline{f}^\nu,M') \to K^*(\underline{f}^\nu,M) \to K^*(\underline{f}^\nu,M'') \to 0,$$

da $K_n(\underline{f}^\nu,R)$ ein freier R-Modul ist. Daraus leitet man eine lange exakte Folge für die Kohomologiemoduln $H^n(\underline{f}^\nu,M)$ ab. Da die Bildung des direkten Limes ein exakter Funktor ist, bekommt man schließlich auch eine lange exakte Folge für die Kohomologiemoduln $H^n_{\underline{f}}(M)$.

3) Es bleibt noch zu zeigen, daß $H^i_{\underline{f}}(M) = 0$ ist, für injektive R-Moduln M und $i > 0$, denn dann sind die $H^i_{\underline{f}}(\_)$ die rechtsabgeleiteten Funktoren von $H^0_{\underline{f}}(\_) \cong \Gamma_A(\_)$, stimmen also mit $H^i_A(\_)$ überein.

Lemma 4.8. Ist R ein noetherscher Ring, M ein injektiver R-Modul und $\underline{f} = \{f_1,\dots,f_r\}$ ein System von Elementen aus R, dann ist $H^i_{\underline{f}}(M) = 0$ für $i > 0$.

Den Beweis entnehme man [10], Prop. 2.6, S. 28.

Eine erste Anwendung des Satzes 4.7 liefert das folgende Ergebnis.

Korollar 4.9. Die Funktoren $H^i_A(\_)$ sind mit direkten Summen vertauschbar.

Beweis: Für einen beliebigen R-Modul M erhält man nach Satz 4.7.

$$H^i_A(M) \cong \varinjlim_{\nu} H^i\,(\mathrm{Hom}_R(K_*(\underline{f}^\nu,R),M)).$$

Da $\varinjlim$ und der Kohomologiefunktor mit direkten Summen vertauschbar sind, genügt es zu zeigen, daß $\mathrm{Hom}_R(K_i(\underline{f}^\nu,R),\_)$ diese Eigenschaft besitzt. $K_i(\underline{f}^\nu,R)$ ist ein endlich erzeugter, freier R-Modul. Aus

$$\mathrm{Hom}_R(K_i(\underline{f}^\nu,R),M) \cong \mathrm{Hom}_R(\bigoplus_{i=1}^{n} R,M) \cong \bigoplus_{i=1}^{n} M$$

folgt die Behauptung, da eine direkte Summe mit direkten Summen vertauschbar ist.

3. Kohomologische Charakterisierung von Krulldimension und Tiefe

In diesem Abschnitt sei R ein noetherscher lokaler Ring, $\mathfrak{m}$ das maximale Ideal von R und $A = V(\mathfrak{m}) = \{\mathfrak{m}\}$. Dann wird im folgenden bewiesen, daß für einen R-Modul M der Tiefe r gilt: $H^r_A(M) \neq 0$ und $H^i_A(M) = 0$ für $i<r$. Für einen endlich erzeugten R-Modul der Dimension n ergibt sich: $H^n_A(M) \neq 0$ und $H^i_A(M) = 0$ für $i>n$.

Satz 4.10. ([10], S. 47, Cor. 3.10)
M sei ein R-Modul der Tiefe r. Dann gilt:

$$H^r_A(M) \neq 0 \text{ und } H^i_A(M) = 0 \text{ für } i<r.$$

Beweis durch vollständige Induktion nach r:
Im Fall $r = 0$ ist $\mathfrak{m}$ ein zu M assoziiertes Primideal, und es existiert

ein $z \in M$, $z \neq 0$, so daß $\mathfrak{m} = \mathrm{Ann}(z)$ ist. Also liegt z in $\Gamma_A(M) = H_A^0(M)$.

Sei nun $r \geq 1$ und $x_1,\dots,x_r$ eine M-Folge. Mit M_1 werde der Faktormodul M/x_1M bezeichnet, der die Tiefe $r-1$ hat und für den nach Induktionsvoraussetzung $H_A^{r-1}(M_1) \neq 0$ und $H_A^i(M_1) = 0$ $(i=0,\dots,r-2)$ ist. Aus der kurzen exakten Folge von R-Moduln

$$0 \longrightarrow M \xrightarrow{\mu_{x_1}} M \longrightarrow M_1 \longrightarrow 0$$

erhält man die exakte Folge

$$H_A^{i-1}(M) \longrightarrow H_A^{i-1}(M_1) \longrightarrow H_A^i(M) \xrightarrow{\mu_{x_1}} H_A^i(M).$$

Für $i \leq r-1$ ist $\mu_{x_1} : H_A^i(M) \to H_A^i(M)$ ein Monomorphismus. Wäre $H_A^i(M) \neq 0$, so würde für $z \in H_A^i(M)$, $z \neq 0$, auch $x_1^n z \neq 0$ für alle $n \in N$ folgen. Aus der Isomorphie $H_A^i(M) \cong \varinjlim_{\nu} \mathrm{Ext}_R^i(R/(\underline{f}^{\nu}),M)$ (siehe Bemerkung 4.5.), wobei $\underline{f}$ ein Erzeugendensystem von $\mathfrak{m}$ ist, folgt jedoch, daß für jedes Element $y \in H_A^i(M)$ eine natürliche Zahl n mit $\mathfrak{m}^n \cdot y = 0$ existiert.

Schließlich betrachtet man die obige Folge für $i = r$:

$$H_A^{r-1}(M) \longrightarrow H_A^{r-1}(M_1) \longrightarrow H_A^r(M) \xrightarrow{\mu_{x_1}} H_A^r(M).$$

Da $H_A^{r-1}(M) = 0$ und $H_A^{r-1}(M_1) \neq 0$ ist, muß auch $H_A^r(M) \neq 0$ sein.

Zum Beweis des nächsten Satzes wird das folgende Lemma benötigt ([10], S. 74, Cor. 5.7.). $\phi : R \to R'$ sei ein Homomorphismus von noetherschen Ringen, $\mathfrak{a}$ ein Ideal in R, $\mathfrak{a}'$ das Erweiterungsideal in R'. Ein R'-Modul M kann mittels $\phi : R \to R'$ als R-Modul aufgefaßt werden. In diesem Fall werde er mit ${}_{\phi}M$ bezeichnet.

<u>Lemma 4.11.</u> <u>Ist</u> $A = V(\mathfrak{a})$, $A' = V(\mathfrak{a}')$, <u>dann ist für jedes</u> $n \in Z$
$H_A^n({}_{\phi}M) \cong {}_{\phi}H_{A'}^n(M)$.

<u>Beweis:</u> $\underline{x} = \{x_1,\dots,x_t\}$ sei ein Erzeugendensystem von $\mathfrak{a}$, $\underline{\phi(x)} = \{\phi(x_1),\dots,\phi(x_t)\}$ ist dann ein Erzeugendensystem von $\mathfrak{a}'$. Nach dem Satz 4.7 und der Konstruktion des direkten Limes genügt es zu zeigen, daß für $\nu \leq \nu'$ ein kommutatives Diagramm

$$\begin{array}{ccc} H^n(\underline{x}^{\nu}, {}_{\phi}M) & \cong & {}_{\phi}H^n(\underline{\phi(x)}^{\nu}, M) \\ \big\downarrow & & \big\downarrow \\ H^n(\underline{x}^{\nu'}, {}_{\phi}M) & \cong & {}_{\phi}H^n(\underline{\phi(x)}^{\nu'}, M) \end{array}$$

existiert. Da jedoch die Multiplikation eines Modulelements m mit einem Element $x \in R$ gerade $\phi(x) \cdot m$ ist, ist das folgende Diagramm kommutativ:

$$\begin{array}{ccc} \mathrm{Hom}_R(K_*(\underline{x}^{\nu}, R), {}_{\phi}M) & \cong & {}_{\phi}(\mathrm{Hom}_{R'}(K_*(\underline{\phi(x)}^{\nu}, R'), M)) \\ \big\downarrow & & \big\downarrow \\ \mathrm{Hom}_R(K_*(\underline{x}^{\nu'}, R)_{\phi}M) & \cong & {}_{\phi}(\mathrm{Hom}_{R'}(K_*(\underline{\phi(x)}^{\nu'}, R'), M)). \end{array}$$

Daraus ergibt sich die Behauptung.

Satz 4.12. ([10], S. 88, Prop. 6.4.)
M sei ein endlich erzeugter R-Modul der Krulldimension n. Dann gilt:

$$H^n_A(M) \neq 0 \text{ und } H^i_A(M) = 0 \text{ für } i > n.$$

Die zweite Aussage gilt für beliebige R-Moduln M.

Beweis: Zum Beweis der zweiten Aussage sei $R' = R/\mathrm{Ann}(M)$, $\phi : R \to R'$ der kanonische Epimorphismus. $\mathfrak{m}' = \phi(\mathfrak{m})$ ist das maximale Ideal von R', $A' = V(\mathfrak{m}') = \{\mathfrak{m}'\}$. M als R'-Modul aufgefaßt, sei mit M' bezeichnet. Dann ist ${}_{\phi}M' = M$. Da R' ein Ring der Krulldimension n ist, existiert ein Parametersystem $x_1', \dots, x_n' \in R'$, so daß $A' = V((x_1', \dots, x_n'))$ ist. Folglich gilt für alle $i > n$

$$K_i(\underline{x}'^{\nu}, R') = 0,$$

und nach Satz 4.7 auch

$$H^i_{A'}(M') = 0.$$

Nach dem Lemma 4.11 erhält man deshalb:

$$0 = {}_{\phi}(H^i_{A'}(M')) \cong H^i_A({}_{\phi}M') = H^i_A(M) \quad (i > n).$$

Der Beweis der ersten Aussage des Satzes wird in mehreren Schritten vollzogen.

1. Reduktion: Man darf annehmen, daß R komplett in bezug auf die Radikaltopologie ist.
Dazu genügt es zu beweisen, daß

$$H^n_{A'}(M \otimes_R \hat{R}) \cong H^n_A(M) \otimes_R \hat{R}$$

ist, falls $\hat{R}$ die Komplettierung von R und $A' = V(\mathfrak{m}\hat{R}) = \{\mathfrak{m}\hat{R}\}$ ist.

$\underline{f}$, ein Erzeugendensystem von $\mathfrak{m}$, ist auch ein Erzeugendensystem von $\mathfrak{m}\hat{R}$. Dann gilt (siehe Satz 4.7):

$$H^n_{A'}(M \otimes_R \hat{R}) \cong \varinjlim_\nu H^n(\underline{f}^\nu, M \otimes_R \hat{R}) = \varinjlim_\nu H^n(\mathrm{Hom}_{\hat{R}}(K_*(\underline{f}^\nu, \hat{R}), M \otimes_R \hat{R}))$$

$$\cong \varinjlim_\nu H^n\left[\mathrm{Hom}_R(K_*(\underline{f}^\nu, R), M) \otimes_R \hat{R}\right]$$

$$\cong \left[\varinjlim_\nu H^n(\mathrm{Hom}_R(K_*(\underline{f}^\nu, R) M))\right] \otimes_R \hat{R}$$

$$\cong H^n_A(M) \otimes_R \hat{R}.$$

2. Reduktion: Man darf annehmen, daß R ein Integritätsbereich der Krulldimension n ist.

$\mathfrak{p}$ sei ein Primideal aus dem Träger von M mit $\dim R/\mathfrak{p} = n$. Setze $R' = R/\mathfrak{p}$, $M' = M/\mathfrak{p}M \cong M \otimes_R R/\mathfrak{p}$. $\phi : R \to R'$ sei der natürliche Epimorphismus. R' ist also ein kompletter lokaler Integritätsbereich und M' ein endlich erzeugter R'-Modul. Wegen

$$\mathrm{Supp}\, M' = \mathrm{Supp}\, M \cap V(\mathfrak{p}) = V(\mathfrak{p})$$

hat M' die Krulldimension n.

Behauptung: $H^n_A(M) \neq 0$, falls $H^n_{A'}(M') \neq 0$ $(A' = \{\phi(\mathfrak{m})\})$.

Aus der exakten Folge von R-Moduln

$$0 \to K \to M \to {}_\phi M' \to 0$$

erhält man die exakte Folge

$$H_A^n(M) \to H_A^n({}_\phi M') \to H_A^{n+1}(K).$$

Der Träger von M enthält den Träger von K, also ist dim K $\leq$ n. Außerdem ist K ein endlich erzeugter R-Modul. Nach dem schon Bewiesenen folgt: $H_A^{n+1}(K) = 0$. Falls nun $H_{A'}^n(M') \neq 0$ ist, ist auch ${}_\phi H_{A'}^n(M') \cong H_A^n({}_\phi M') = 0$, und deshalb ist auch $H_A^n(M) \neq 0$.

3. Reduktion: Man darf annehmen, daß R ein kompletter regulärer lokaler Ring der Dimension n ist.

Falls R ein kompletter lokaler Integritätsbereich ist, gibt es einen kompletten regulären lokalen Ring Q, der in R enthalten ist, so daß R als Q-Modul endlich erzeugt ist. Das Erweiterungsideal $\mathfrak{n} \cdot R$ des maximalen Ideals $\mathfrak{n}$ von Q ist $\mathfrak{m}$-primär. Es sei $A' = V(\mathfrak{n}) = \{\mathfrak{n}\}$ und $\phi : Q \to R$ die natürliche Injektion. ${}_\phi M$ ist somit ein endlich erzeugter Q-Modul. Gilt $0 \neq H_{A'}^n({}_\phi M) \cong {}_\phi H_A^n(M)$, dann ist auch $H_A^n(M) \neq 0$.

4. Reduktion: Man darf annehmen, daß M torsionsfrei ist.

$N = \{m \in M \;/\; \text{Es existiert } 0 \neq x \in R \text{ mit } x \cdot m = 0\}$ sei der Torsionsmodul von M, $\overline{M}$ der Faktormodul M/N. $\overline{M}$ ist ein torsionsfreier R-Modul der Dimension n. Aus der kurzen exakten Folge

$$0 \to N \to M \to \overline{M} \to 0$$

folgt wieder die exakte Folge

$$H_A^n(M) \to H_A^n(\overline{M}) \to H_A^{n+1}(N) = 0.$$

Wenn $H_A^n(\overline{M}) \neq 0$ ist, folgt auch $H_A^n(M) \neq 0$.

5. Reduktion: Man darf annehmen, daß M = R ist.

K sei der Quotientenkörper von R, $f : M \to K \otimes_R M$ der durch $m \mapsto 1 \otimes m = \frac{m}{1}$ gegebene Homomorphismus. Da M torsionsfrei und der Kern von f gleich dem Torsionsmodul von M ist, ist f ein Monomorphismus. Die K-Vektorraumdimension von $K \otimes_R M$ ist endlich, $m_1, \ldots, m_t \in M$ sei eine Basis von $K \otimes_R M$ über K, $a_1, \ldots, a_e$ ein Erzeugendensystem von M.

Die a_λ lassen sich dann folgendermaßen schreiben:

$$a_\lambda = \sum_{\tau=1}^{t} \frac{\alpha_{\lambda\tau}}{\beta} m_\tau \; ; \; \alpha_{\lambda\tau}, \beta \in R, \beta \neq 0.$$

Definiert man F durch

$$F := \bigoplus_{\tau=1}^{t} R \frac{m_\tau}{\beta},$$

so ist F ein R-Untermodul von $K \otimes_R M$, $M \subseteq F$ und $\beta F \subseteq M$. Somit gilt $\beta \cdot F/M = 0$, d.h. $\mathrm{Ann}(F/M) \neq 0$. Daraus folgt, daß $H^n_A(F/M) = 0$, da $\dim F/M < n$ ist.

Aus der exakten Folge

$$H^n_A(M) \to H^n_A(F) \to H^n_A(F/M) = 0,$$

die sich aus der kurzen exakten Folge

$$0 \to M \to F \to F/M \to 0$$

ergibt, schließt man, daß $H^n_A(M) \neq 0$ ist, falls $H^n_A(F) \neq 0$ ist. Da $H^n_A(\_)$ mit direkten Summen vertauschbar ist, genügt es zu zeigen, daß $H^n_A(R) \neq 0$ ist. Da R ein regulärer lokaler Ring der Dimension n ist, ergibt sich die Behauptung aus Satz 4.10.

4. CM-Ideale in CM-Ringen

In den Vorträgen 6 und 7 kommen Ideale in CM-Ringen vor, die als R-Moduln CM-Moduln sind, kurz CM-Ideale. In diesem Abschnitt werden solche Ideale mit Hilfe der Kohomologiefunktoren charakterisiert. Wir schreiben jetzt $H^i(M)$ an Stelle von $H^i_A(M)$. Es gilt:

Satz 4.13. R sei ein CM-Ring, $\mathfrak{a}$ ein Ideal von R.
Treten in der Primärzerlegung von $\mathfrak{a}$ Primideale der Höhe > 1 auf, dann ist $\mathfrak{a}$ kein CM-Ideal.
Für Ideale $\mathfrak{a}$ der Höhe 1 sind folgende Aussagen äquivalent:
a) $\mathfrak{a}$ ist CM-Ideal.
b) $R/\mathfrak{a}$ ist ein CM-Ring.

<u>Beweis:</u> Die Dimension von R sei $n \geq 1$. Aus der langen exakten Folge der Kohomologiemoduln, die man aus der exakten Folge $o \to \mathfrak{a} \to R \to R/\mathfrak{a} \to o$ erhält, ergibt sich:

$$H^o(\mathfrak{a}) = 0$$

$$H^{m+1}(\mathfrak{a}) \cong H^m(R/\mathfrak{a}) \qquad \text{für } m+1 < n.$$

Ist $\mathfrak{a}$ ein CM-Ideal, so ist, weil $\dim \mathfrak{a} = \dim R = n$ ist ($\dim \mathfrak{a}$ bedeutet die Krulldimension des R-Moduls $\mathfrak{a}$), $H^{m+1}(\mathfrak{a}) = 0$ für $m = 0,\ldots,n-2$, also

$$H^m(R/\mathfrak{a}) = 0 \qquad (m = 0,\ldots,n-2).$$

Aus der Formel

$$n - 1 \leq t\ (R/\mathfrak{a}) \leq \min_{\mathfrak{p} \in \mathrm{Ass}(R/\mathfrak{a})} \{\dim R/\mathfrak{p}\} \qquad \text{(vgl. 1.2)}$$

ergibt sich, weil R ein CM-Ring ist, daß für alle $\mathfrak{p} \in \mathrm{Ass}(R/\mathfrak{a})$ gilt: $h(\mathfrak{p}) \leq 1$.

Es sei nun $h(\mathfrak{a}) = 1$. Damit gleichbedeutend ist, daß in der Primärzerlegung von $\mathfrak{a}$ nur Primideale der Höhe ≥ 1 auftreten, davon ein Primideal mit der Höhe = 1.

Ist $\mathfrak{a}$ CM-Ideal, so haben alle diese Primideale die Höhe 1 und aus

$$n - 1 \leq t\ (R/\mathfrak{a}) \leq n - 1 = \dim R/\mathfrak{a}$$

folgt, daß $R/\mathfrak{a}$ ein CM-Ring ist.

Ist umgekehrt $R/\mathfrak{a}$ ein CM-Ring (notwendigerweise der Dimension $n - 1$), dann ist

$$H^{m+1}(\mathfrak{a}) = 0 \qquad \text{für } m+1 < n.$$

Es folgt, daß $\mathfrak{a}$ ein CM-Ideal ist.

<u>Beispiele:</u> R sei ein CM-Ring.

1) dim R = 1. Jedes Ideal $\mathfrak{a}$ ist ein CM-Ideal.

2) dim R = 2. Jedes ungemischte Ideal der Höhe 1 ist ein CM-Ideal, denn $R/\mathfrak{a}$ ist CM-Ring.

3) Es gibt Primideale der Höhe 1 in CM-Ringen, die nicht CM-Ideale sind:

Man gehe aus von einem kompletten lokalen Integritätsbereich, der nicht CM-Ring ist, und stelle ihn dar als Restklassenring $P = R/\mathfrak{p}$ eines regulären lokalen Rings R. In $\mathfrak{p}$ ist eine R-reguläre Folge $x_1,\ldots,x_{d-1}$ enthalten, wobei d = dim R - dim P ist.

$R' = R/(x_1,\ldots,x_{d-1})$ ist ein vollständiger Durchschnitt und $\mathfrak{p}' = \mathfrak{p}/(x_1,\ldots,x_{d-1})$ ein Primideal der Höhe 1 in R'. Da $P = R'/\mathfrak{p}'$ kein CM-Ring ist, ist $\mathfrak{p}'$ kein CM-Ideal.

5. Vortrag: R. Waldi

Lokale Dualität und kanonischer Modul

1. Der lokale Dualitätssatz

R sei ein noetherscher kompletter lokaler Ring der Dimension n mit maximalem Ideal $\mathfrak{m}$, I die injektive Hülle seines Restklassenkörpers $k = R/\mathfrak{m}$. Für einen R-Modul M bezeichnen wir mit

$$M' := \mathrm{Hom}_R(M,I)$$

den zu M dualen Modul. Sei $H^i(M) := H^i_A(M)$ für $A = \{\mathfrak{m}\}$ und

$$T^j_R(M) := [H^{n-j}(M)]'$$

für $j \in \mathbb{Z}$ und alle R-Moduln M.

Bemerkung 5.1. a) $T^j_R = 0$ für alle $j < 0$.

b) Zu jeder kurzen exakten Folge

$$0 \longrightarrow M_1 \xrightarrow{\alpha} M_2 \xrightarrow{\beta} M_3 \longrightarrow 0$$

gibt es eine lange exakte Folge

$$\cdots \xrightarrow{\delta} T^j_R(M_3) \xrightarrow{T^j_R(\beta)} T^j_R(M_2) \xrightarrow{T^j_R(\alpha)} T^j_R(M_1) \xrightarrow{\delta} T^{j+1}_R(M_3) \longrightarrow \cdots$$

mit funktoriellem verbindenden Homomorphismus δ.

c) T^j_R führt direkte Summen in direkte Produkte über.

Beweis: Aussage a) folgt aus dem Verschwindungssatz 4.12 für die Kohomologie, b) aus der Exaktheit des dualisierenden Funktors $\mathrm{Hom}_R(\_,I)$ und aus 4.4. Zu c): T^j_R führt direkte Summen in direkte Produkte über, weil nach 4.9 H^{n-j} direkte Summen erhält und $\mathrm{Hom}_R(\_,I)$ direkte Summen in direkte Produkte überführt.

Satz 5.2. (Dualitätssatz). Der Funktor T_R^0 ist darstellbar, das heißt, es gibt einen R-Modul K_R mit der Eigenschaft:
Für alle R-Moduln M gilt funktoriell

$$[H^n(M)]' \cong \mathrm{Hom}_R(M,K_R).$$

Insbesondere gilt $K_R \cong [H^n(R)]'$.

Beweis: Dazu genügt es bekanntlich, zu zeigen:

1) T_R^0 ist R-linear.

2) T_R^0 ist linksexakt.

3) T_R^0 führt direkte Summen in direkte Produkte über

Zu 1): $\mathrm{Hom}_R(\_,I)$ und $H^n(\_)$ sind R-linear, also auch T_R^0. 2) und 3) folgen unmittelbar aus 5.1.

Definition 5.3. Für R gilt vollständige Dualität, wenn für alle R-Moduln M und alle $j \geq 0$

$$[H^{n-j}(M)]' \cong \mathrm{Ext}_R^j(M,K_R).$$

Bemerkung 5.4. Gilt vollständige Dualität für R, so ist

$$\mathrm{injdim}\,(K_R) = \dim(R).$$

Beweis: Es ist $\mathrm{Ext}_R^j(M,K_R) = [H^{n-j}(M)]' = 0$ für $j > n$. Andererseits ist $\mathrm{Ext}_R^n(k,K_R) = [H^0(k)]' = k \neq 0$.

Satz 5.5. Für R gilt genau dann vollständige Dualität, wenn R ein Cohen-Macaulay-Ring ist.

Beweis: Die Familie von Funktoren $\{\mathrm{Ext}_R^j(\_,K_R)\}$ ist charakterisiert durch die Eigenschaften

1) $\mathrm{Ext}_R^0(\_,K_R) = \mathrm{Hom}_R(\_,K_R)$.

2) Zu jeder kurzen exakten Folge

$$0 \to M_1 \to M_2 \to M_3 \to 0$$

gibt es eine lange exakte Folge

$$\ldots \xrightarrow{\delta} \mathrm{Ext}^i_R(M_3, K_R) \longrightarrow \mathrm{Ext}^i_R(M_2, K_R) \longrightarrow \mathrm{Ext}^i_R(M_1, K_R) \xrightarrow{\delta} \mathrm{Ext}^{i+1}_R(M_3, K_R) \longrightarrow \ldots$$

mit funktoriellem verbindenden Homomorphismus.

3) $\mathrm{Ext}^i_R(F, K_R) = 0$ für $j > 0$ und freie R-Moduln F.

Wegen 5.1 und 5.2 erfüllen die Funktoren $[H^{n-j}(\_)]'$ die Bedingungen 1) und 2) und wegen 5.1 c) ist nur noch zu zeigen: Für $j > 0$ gilt $T^j(R) = 0$ genau dann, wenn R ein Cohen-Macaulay-Ring ist.

In 4.10 wurde gezeigt, daß R genau dann CM-Ring ist, wenn $H^{n-j}(R) = 0$ für $j > 0$. Dies ist genau dann der Fall, wenn $T^j(R) = [H^{n-j}(R)]' = 0$ ist, denn für jeden R-Modul M ist $M' = 0$ mit $M = 0$ gleichwertig: Angenommen $x \in M$, $x \neq 0$. Dann hat man wegen der Injektivität von $I(R/\mathfrak{m})$ ein kommutatives Diagramm

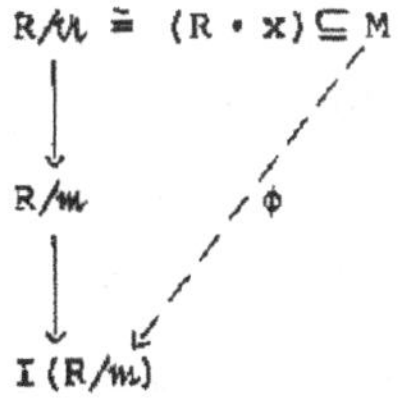

mit einer R-linearen Abbildung $\phi \neq 0$. Es folgt $M' \neq 0$.

2. Der kanonische Modul

Von nun an sei R nicht mehr notwendig komplett. $\hat{R}$ sei die $\mathfrak{m}$-adische Komplettierung von R.

Definition 5.6. Ein R-Modul K_R heißt kanonischer Modul von R, wenn der $\hat{R}$-Modul $K_R \otimes_R \hat{R}$ den Funktor $T^O_{\hat{R}}$ darstellt:

$$K_R \otimes_R \hat{R} \cong K_{\hat{R}}.$$

Für komplette Ringe existiert nach dem Dualitätssatz 5.2. bis auf Isomorphie genau ein kanonischer Modul.

Allgemein gilt

Bemerkung 5.7. Falls zu einem Ring R ein kanonischer Modul existiert, ist er bis auf Isomorphie eindeutig bestimmt.

Beweis: Seien K_R und K_R' kanonische Moduln von R. Dann ist $K_R \otimes_R \hat{R} \cong K_R' \otimes_R \hat{R} \cong K_{\hat{R}}$. Wie wir später zeigen werden, ist $K_{\hat{R}}$ endlich erzeugt. Da $\hat{R}$ treuflach über R ist, sind dann auch K_R und K_R' endlich erzeugt und es folgt $K_R \cong K_R'$ nach dem folgenden

Lemma 5.8. Seien M und N endlich erzeugte R-Moduln. Sind $M \otimes_R \hat{R}$ und $N \otimes_R \hat{R}$ isomorph, dann ist auch M isomorph zu N.

Beweis: Die Isomorphismen bilden in $\mathrm{Hom}_{\hat{R}}(M \otimes_R \hat{R}, N \otimes_R \hat{R}) = \mathrm{Hom}_{\hat{R}}(\hat{M},\hat{N})$ eine offene Teilmenge bezüglich der $\mathfrak{m}$-adischen Topologie (vgl. Grothendieck [9] 0.7.8.3.), die nach Voraussetzung nicht leer ist. Da aber $\mathrm{Hom}_R(M,N)$ dicht in $\mathrm{Hom}_{\hat{R}}(\hat{M},\hat{N}) = \mathrm{Hom}_R(M,N) \otimes_R \hat{R}$ ist ([9] 0.7.3.4.), gibt es ein $f \in \mathrm{Hom}_R(M,N)$, so daß $f \otimes_R \hat{R}$ ein Isomorphismus ist. Dann ist auch $f : M \to N$ ein Isomorphismus, denn $\hat{R}$ ist treuflach über R.

Nach Bemerkung 5.7 ist es sinnvoll, von dem kanonischen Modul eines Rings zu sprechen. Als nächstes werden wir eine Klasse von Ringen bestimmen, für die der kanonische Modul von einfacher Struktur ist.

Satz 5.9. Für einen lokalen Cohen-Macaulay-Ring R sind folgende Aussagen äquivalent:

a) Der kanonische Modul K_R existiert und ist gleich R.

b) R ist ein Gorensteinring.

Beweis: Es genügt, den Satz für komplette R zu beweisen, denn R ist ein Gorensteinring genau dann, wenn $\hat{R}$ ein Gorensteinring ist.

Sei also ohne Beschränkung der Allgemeinheit R komplett.

Zu zeigen ist: $K_R = [H^n(R)]' \cong R$ genau dann, wenn R ein Gorensteinring ist. Nach der Matlisdualität 1.35 ist $H^n(R)' = R$ genau dann, wenn $H^n(R) = H^n(R)'' = R' = I$ ist.

Im Satz 1.29 wird gezeigt, daß ein injektiver Modul J injektive Hülle jedes Untermoduls ist, wenn die (O) in J irreduzibel ist.

Wir haben also folgendes zu zeigen:

a) Ist $H^n(R) = I$, dann ist R ein Gorensteinring.

b) Ist R ein Gorensteinring, dann ist
   1) $H^n(R)$ injektiv,
   2) die (O) irreduzibel in $H^n(R)$,
   3) $\mathfrak{m} \in \operatorname{Ass}(H^n(R))$.

Dazu erinnern wir uns an die Konstruktion von $H^n(R)$ mit Hilfe des Koszulkomplexes (vgl. 4.7).

Sei $\underline{x} = \{x_1,\ldots,x_n\}$ ein Parametersystem von R und $\underline{x}^\nu = \{x_1^\nu,\ldots,x_n^\nu\}$, $\nu = 1,2,\ldots$. Dann sind auch die $\underline{x}^\nu$ Parametersysteme und es gilt

$$H^n(R) = \varinjlim_{\nu} H^n(\underline{x}^\nu,R).$$

Wir werden nun dieses direkte System etwas genauer beschreiben.

<u>Lemma 5.10.</u> <u>R sei ein lokaler Ring. Dann gilt:</u>

1) $H^n(\underline{x}^\nu,R) \cong R/(\underline{x}^\nu)$.

2) <u>Die Homomorphismen im direkten System sind gegeben durch</u>

$$\phi_{\nu,\nu+1} : R/(\underline{x}^\nu) \longrightarrow R/(\underline{x}^{\nu+1}) \quad (\nu = 1,2,\ldots)$$

$$\overline{r} \longmapsto \overline{x_1 \cdot \ldots \cdot x_n \cdot r}$$

   <u>(wobei der Querstrich jeweils die Restklasse bedeutet).</u>

3) <u>Ist R ein Cohen-Macaulay-Ring, so sind die</u> $\phi_{\nu,\nu+1}$ <u>Monomorphismen.</u>

<u>Beweis von Satz 5.9.</u> Nach dem Lemma ist

$$H^n(R) = \bigcup R/(\underline{x}^\nu).$$

a) Ist $H^n(R) = I$, so ist die (O) irreduzibel in $H^n(R)$. Folglich ist die (O) auch irreduzibel in $R/(\underline{x}) \subseteq H^n(R)$, also ist $R/(\underline{x})$ ein Gorensteinring und damit auch R.

b) Sei nun R ein Gorensteinring. Dann gilt

$\mathrm{Ass}(H^n(R)) = \mathrm{Ass}(\bigcup R/(\underline{x}^\nu)) = \bigcup \mathrm{Ass}(R/(\underline{x}^\nu)) = \{\mathfrak{m}\}$, also ist 3) erfüllt.

$R/(\underline{x}^\nu)$ ist ein Gorensteinring und deshalb ist die (0) irreduzibel in $R/(\underline{x}^\nu)$ für alle $r \geq 1$.
Dann ist die (0) aber auch in $H^n(R) = \bigcup R/(\underline{x}^\nu)$ irreduzibel.

Es ist also nur noch zu zeigen, daß $H^n(R)$ injektiv ist. Dazu beweisen wir:

Ist M ein R-Modul, N ein endlich erzeugter Untermodul von M und $N \xrightarrow{\phi} H^n(R)$ ein Homomorphismus, dann gibt es einen Homomorphismus $M \xrightarrow{\bar{\phi}} H^n(R)$, der ϕ auf M fortsetzt.

Da N endlich erzeugt ist, gibt es ein $r \in \mathbb{N}$, so daß $\phi(N) \subseteq R/(\underline{x}^r)$ ist. Nach dem Lemma von Artin-Rees kann man ein s so wählen, daß

$((\underline{x}^s)M) \cap N \subseteq (\underline{x}^r)N$. Sei $\bar{N} = N/((\underline{x}^s)M) \cap N$ und $\bar{M} = M/(\underline{x}^s)M$.

Wir erhalten das folgende Diagramm:

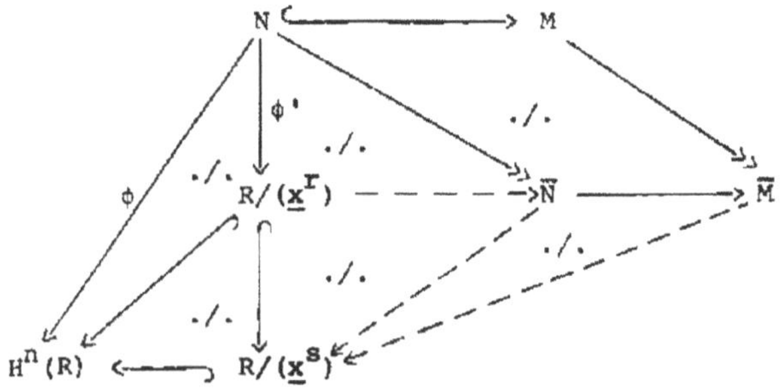

Dazu ist zu erklären: Kern $\phi' \supseteq (\underline{x}^r)N \supseteq$ Kern $(N \twoheadrightarrow \bar{N})$, also faktorisiert ϕ' über $\bar{N}$. Da $R/(\underline{x}^s)$ als 0-dimensionaler Gorensteinring $R/(\underline{x}^s)$-injektiv ist, läßt sich die Abbildung $\bar{N} \to R/(\underline{x}^s)$ auf $\bar{M}$ fortsetzen. Somit ist auch ϕ auf M fortgesetzt und $H^n(R)$ ist als injektiv nachgewiesen.

<u>Beweis von Lemma 5.10.</u> Die Aussagen 1) und 2) ergeben sich unmittelbar aus der Konstruktion des Koszulkomplexes. Zum Beweis von 3) wird benutzt, daß bei einem CM-Ring die Begriffe Parametersystem und reguläre Folge zusammenfallen.

Wir betrachten die Abbildungen $\phi^{i}_{\nu,\nu+1}$:

$$R/(x_1^{\nu},\dots,x_i^{\nu},x_{i+1}^{\nu+1},\dots,x_n^{\nu+1}) \to R/(x_1^{\nu},\dots,x_{i-1}^{\nu},x_i^{\nu+1},\dots,x_n^{\nu+1})$$

$$\tilde{r} \longmapsto \overline{rx_i}$$

Für alle $r \in R$ sei dabei $\tilde{r}$ bzw. $\bar{r}$ die Restklasse in dem betreffenden Ring.

$\{x_1^{\nu},\dots,x_{i-1}^{\nu},x_{i+1}^{\nu+1},\dots,x_n^{\nu+1},x_i\}$ ist ein Parametersystem und somit eine reguläre Folge. Also ist x_i NNT modulo dem Ideal $(x_1^{\nu},\dots,x_{i-1}^{\nu},x_{i+1}^{\nu+1},\dots,x_n^{\nu+1}) =: \mathfrak{a}$. Sei nun $\overline{rx_i} = 0$, das heißt $rx_i \in (x_1^{\nu},\dots,x_{i-1}^{\nu},x_i^{\nu+1},\dots,x_n^{\nu+1})$. Dann gibt es ein $\alpha_i \in R$ mit $x_i(r-\alpha_i x_i^{\nu}) \in \mathfrak{a}$. x_i ist aber NNT modulo $\mathfrak{a}$ und folglich $r-\alpha_i x_i^{\nu} \in \mathfrak{a}$, das heißt $\tilde{r} = 0$. Damit ist $\phi_{\nu,\nu+1} = \phi^{1}_{\nu,\nu+1} \circ \dots \circ \phi^{n}_{\nu,\nu+1}$ als Monomorphismus nachgewiesen.

3. Existenz des kanonischen Moduls

In diesem Abschnitt geben wir ein hinreichendes Kriterium für die Existenz des kanonischen Moduls an.

Satz 5.12. R und S seien lokale Ringe, $\phi : R \to S$ ein lokaler Homomorphismus. Es gelte die Bedingung: (E) Es gibt einen Ring $A \subseteq S$ mit $\phi(R) \subseteq A$, so daß A endlich über R ist und S ist die Lokalisierung von A nach einem maximalen Ideal $\mathfrak{q}$ von A.
Ferner sei $\dim R = n$ und $\dim S = n-t$ und es gelte für $\hat{R}$ Dualität bis zum Exponenten t, das soll heißen

$$\mathrm{Hom}_{\hat{R}}(H^{n-j}(\_),I_{\hat{R}}) = \mathrm{Ext}^{j}_{\hat{R}}(\_,K_{\hat{R}})$$

für $0 \le j \le t$. ($I_{\hat{R}}$ ist die injektive Hülle des Restklassenkörpers von $\hat{R}$).

Behauptung: Existiert der kanonische Modul K_R von R, dann existiert auch K_S und

$$K_S \cong (\mathrm{Ext}^{t}_{R}(A,K_R))_{\mathfrak{q}},$$

<u>wobei</u> $Ext_R^t(A,K_R)$ <u>in natürlicher Weise als A-Modul aufzufassen ist</u>.

<u>Beweis:</u> Wir werden zunächst zusätzlich voraussetzen, daß R und S komplett sind.
Dann lautet die Behauptung:

$$K_S = Ext_R^t(S,K_R).$$

I_R und I_S seien die injektiven Hüllen der Restklassenkörper der jeweiligen Ringe.

<u>Lemma 5.13.</u> Ist R und S komplett und S endlich über R, dann gilt

$$I_S = Hom_R(S,I_R).$$

Aus dem Lemma folgt unmittelbar unsere Behauptung:

$$K_S \cong Hom_S(H^{n-t}(S),I_S) \cong Hom_S(H^{n-t}(S),Hom_R(S,I_R)) =$$

$$\cong Hom_R(H^{n-t}(S),I_R) \cong Ext_R^t(S,K_R).$$

<u>Beweis von Lemma 5.13:</u> Es wird behauptet, daß $S' := Hom_R(S,I_R)$ die S-injektive Hülle des Restklassenkörpers von S ist. Dazu ist nach 1.29 zu zeigen:

a) S' ist S-injektiv

b) $Ass_S(S') = \{\mathfrak{m}_S\}$, wobei $\mathfrak{m}_S$ das maximale Ideal von S ist.

c) S' ist direkt unzerlegbar.

zu a). S' ist S-injektiv, denn es gilt

$$Hom_S(M,Hom_R(S,I_R)) \cong Hom_R(M,I_R)$$

funktoriell in M für alle S-Moduln M, und daher ist $Hom_S(\_,S')$ ein exakter Funktor von S-Moduln.

zu b). S ist ein noetherscher R-Modul, also ist 1.35 anwendbar. Folglich ist S' ein nicht trivialer artinscher S-Modul und somit $Ass_S(S') = \{\mathfrak{m}_S\}$.

zu c). S' ist direkt unzerlegbar, denn $Hom_R(\_,I_R)$ ist ein treuer Funktor von S-Moduln, der endliche direkte Summen erhält, und $S'' \cong S$ ist als lokaler Ring direkt unzerlegbar.

Korollar 5.14. Ist R *und* S *wie im Lemma* 5.13 *und außerdem* dim S = dim R, *dann ist*

$$K_S \cong \mathrm{Hom}_R(S, K_R).$$

Wir führen nun den Beweis von Satz 5.12. im allgemeinen Fall zurück auf den Fall kompletter Ringe.

Dazu beweisen wir zuerst:

Lemma 5.15. Jeder komplette lokale Ring ist epimorphes Bild eines vollständigen Durchschnitts gleicher Dimension.

Beweis: Nach dem Satz von Cohen über die Struktur kompletter lokaler Ringe ist S epimorphes Bild eines regulären Ringes A. Sei

$$0 \to \mathfrak{a} \to A \to S \to 0$$

exakt und $\underline{a} = \{a_1, \ldots, a_r\}$ eine in $\mathfrak{a}$ maximale, reguläre Folge von A. Dann ist $R = A/(\underline{a})$ ein vollständiger Durchschnitt und $\bar{\mathfrak{a}} = \mathfrak{a}/(\underline{a})$ besteht nur aus Nullteilern von R. R ist als CM-Ring äquidimensional und besitzt keine eingebetteten Komponenten. Es ist also $\bar{\mathfrak{a}}$ enthalten in der Vereinigung der assoziierten Primideale von R und folglich ist $\dim S = \dim R/\bar{\mathfrak{a}} = \dim R$.

Satz 5.16. Existiert der kanonische Modul, so ist er endlich erzeugt.

Beweis: Sei S ein lokaler Ring.
Nach Lemma 5.15 gibt es einen vollständigen Durchschnitt R von gleicher Dimension wie $\hat{S}$, so daß $\hat{S}$ epimorphes Bild von R ist. Jeder vollständige Durchschnitt ist aber ein Gorensteinring und so ist $K_R = R$. Aus Satz 5.12 für komplette Ring, und da $\mathrm{Hom}_R(\_, R)$ linksexakt ist, ergibt sich ein kommutatives Diagramm mit exakten Zeilen

$$\begin{array}{ccccc} 0 & \longrightarrow & \mathrm{Hom}_R(\hat{S}, R) & \longrightarrow & \mathrm{Hom}_R(R, R) \\ & & \wr\| & & \wr\| \\ 0 & \longrightarrow & K_{\hat{S}} & \longrightarrow & R \end{array}$$

Folglich ist $K_{\hat S}$ endlicher R-Modul und erst recht endlicher $\hat S$-Modul. Falls nun ein S-Modul K_S mit $K_S \underset{S}{\otimes} \hat S = K_{\hat S}$ existiert, dann ist auch K_S endlich erzeugt, weil $\hat S$ treuflach über S ist.

Nun sind wir in der Lage, Satz 5.12 auf den kompletten Fall zu reduzieren.

Wenn $R \to S$ Bedingung (E) erfüllt, dann ist $\hat R \to \hat S$ endlich und daher

$$K_{\hat S} = \mathrm{Ext}^t_R(\hat S, K_{\hat R}).$$

Es ist demnach nur noch zu zeigen:

$$\widehat{\mathrm{Ext}^t_R(A,K_R)_{\varphi}} = \mathrm{Ext}^t_R(\hat S, K_{\hat R}).$$

Dies folgt aus

Lemma 5.17. A sei ein semilokaler noetherscher Ring, M ein endlich erzeugter A-Modul, $\hat A, \hat M$ seien die Komplettierungen bzgl. der Radikaltopologie von A. φ sei ein maximales Ideal von A. Dann gilt

$$\hat M_{\varphi \hat A} = \widehat{M_{\varphi}},$$

wobei $\widehat{M_{\varphi}}$ die Komplettierung des A_{φ}-Moduls M_{φ} bzgl. der Radikaltopologie ist.

Beweis: Sind $\varphi = \varphi_1, \ldots, \varphi_s$ die maximalen Ideale von A, so ist bekanntlich

$$\hat A = \bigoplus_{i=1}^{s} \widehat{A_{\varphi_i}}$$

und folglich $\hat A_{\varphi_i \hat A} = \widehat{A_{\varphi_i}}$.

Dann ist aber auch $\hat M_{\varphi \hat A} = M \underset{A}{\otimes} \hat A_{\varphi \hat A} = M \otimes \widehat{A_{\varphi}} = \widehat{M_{\varphi}}$.

Da K_R und somit auch $\mathrm{Ext}^t_R(A,K_R)$ ein endlicher R-Modul ist, gilt demnach

$$\widehat{(\mathrm{Ext}^t_R(A,K_R))_{\varphi}} = \widehat{\mathrm{Ext}^t_R(A,K_R)}_{\varphi \hat A} =$$

$$= \mathrm{Ext}^t_{\hat R}(\hat A, K_{\hat R})_{\varphi \hat A} = \mathrm{Ext}^t_{\hat R}\Big(\bigoplus_{i=1}^{s} \hat A_{\varphi_i \hat A}, K_{\hat R}\Big)_{\varphi \hat A} =$$

$$= \bigoplus_{i=1}^{s} \operatorname{Ext}^t_{\hat{R}}(\hat{A}_{\mathfrak{q}_i \hat{A}}, K_{\hat{R}})_{\mathfrak{q}\hat{A}} = \operatorname{Ext}^t_{\hat{R}}(\hat{A}_{\mathfrak{q}\hat{A}}, K_{\hat{R}}) = \operatorname{Ext}^t_{\hat{R}}(\hat{S}, K_{\hat{R}}).$$

Nun folgen Beispiele von Ringen, für die der kanonische Modul existiert.

<u>5.18.</u> Ist R ein CM-Ring und $\phi : R \to S$ ein lokaler Homomorphismus, der Bedingung (E) erfüllt und existiert K_R, dann existiert auch K_S.

<u>5.19.</u> Ist R ein Gorensteinring und S endlich über R, dann existiert K_S. Ist speziell dim R = dim S, dann ist

$$K_S \cong \operatorname{Hom}_R(S,R).$$

<u>5.20.</u> Ist $S = R/\mathfrak{a}$ Faktorring eines Gorensteinrings, dann existiert K_S. Falls dim S = dim R gilt, ist

$$K_S = \operatorname{Hom}_R(R/\mathfrak{a}, R) = \operatorname{Ann}_R(\mathfrak{a}),$$

wobei $\operatorname{Ann}_R(\mathfrak{a})$ in natürlicher Weise als $R/\mathfrak{a}$ = S-Modul aufzufassen ist. Insbesondere existiert der kanonische Modul für Faktorringe von regulären lokalen Ringen.

<u>Korollar 5.21. Es sei P ein noetherscher lokaler Ring, für den K_P existiert, und es sei $R = P[X_1,\dots,X_n]_{\mathfrak{p}}$, wobei $X_1,\dots,X_n$ Unbestimmte über P sind und $\mathfrak{p}$ ein Primideal von $P[X_1,\dots,X_n]$ ist, das über dem maximalen Ideal von P liegt. Dann existiert K_R und es gilt</u>

$$K_R = R \otimes_P K_P.$$

<u>Beweis:</u>

1. Fall. P sei komplett. Dann ist $P = S/\mathfrak{a}$ mit einem vollständigen Durchschnitt S gleicher Dimension. Es folgt $R = S[X_1,\dots,X_n]_{\mathfrak{q}} / \mathfrak{a}S[X_1,\dots,X_n]_{\mathfrak{q}}$, wobei $S[X_1,\dots,X_n]_{\mathfrak{q}}$ ein vollständiger Durchschnitt ist mit $\dim S[X_1,\dots,X_n]_{\mathfrak{q}} = \dim R$.

Nach 5.20 ist

$$K_R = \operatorname{Hom}_{S[X_1,\dots,X_n]_{\mathfrak{q}}}(R, S[X_1,\dots,X_n]_{\mathfrak{q}}) =$$

$$\operatorname{Ann}_{S[X_1,\dots,X_n]_{\mathfrak{q}}}(\mathfrak{a}S[X_1,\dots,X_n]_{\mathfrak{q}}),$$

wobei dieser Annulator in natürlicher Weise als R-Modul aufzufassen ist.

Es ist

$$\mathrm{Ann}_{S[X_1,\dots,X_n]_{\mathfrak{q}}}(\mathfrak{a}S[X_1,\dots,X_n]_{\mathfrak{q}}) = \mathrm{Ann}_S(\mathfrak{a}) \cdot S[X_1,\dots,X_n]_{\mathfrak{q}}$$

als $S[X_1,\dots,X_n]_{\mathfrak{q}}$ - Modul und $\mathrm{Ann}_{S[X_1,\dots,X_n]_{\mathfrak{q}}}(\mathfrak{a}S[X_1,\dots,X_n]_{\mathfrak{q}})$

$= \mathrm{Ann}_S(\mathfrak{a}) \underset{S/\mathfrak{a}}{\otimes} S[X_1,\dots,X_n]_{\mathfrak{q}}/\mathfrak{a}\cdot S[X_1,\dots,X_n]_{\mathfrak{q}}$ als

$S[X_1,\dots,X_n]_{\mathfrak{q}}/\mathfrak{a}\cdot S[X_1,\dots,X_n]_{\mathfrak{q}}$ - Modul.

Es folgt $K_R = R \underset{S/\mathfrak{a}}{\otimes} \mathrm{Ann}_S(\mathfrak{a}) = R \underset{P}{\otimes} K_P$.

2. Fall. Sei P beliebig. Man hat einen flachen lokalen Homomorphismus

$$R = P[X_1,\dots,X_n]_{\mathfrak{q}} \hookrightarrow \hat{P}[X_1,\dots,X_n]_{\mathfrak{q}\hat{P}[X_1,\dots,X_n]} =: \tilde{R}$$

von lokalen Ringen. Seien $\mathfrak{m}$ und $\tilde{\mathfrak{m}}$ die maximalen Ideale von R bzw. $\tilde{R}$. Es ist $\tilde{\mathfrak{m}} = \mathfrak{m}\tilde{R}$ und, da $\tilde{R}$ flach über R ist,

$$\tilde{\mathfrak{m}}^{\varsigma} \cap R = (\mathfrak{m}^{\varsigma} \cdot \tilde{R}) \cap R = \mathfrak{m}^{\varsigma}.$$

Die $\mathfrak{m}$-adische Topologie von R stimmt also mit der Unterraumstopologie bezüglich $\tilde{R}$ überein. Außerdem ist R dicht in $\tilde{R}$. Folglich haben beide die gleiche Komplettierung und wir erhalten das Diagramm

$$\begin{array}{ccccc} P & \hookrightarrow & R & \hookrightarrow & \hat{R} \\ \downarrow & ./. & \downarrow & ./. & \wr\| \\ \hat{P} & \hookrightarrow & \tilde{R} & \hookrightarrow & \hat{\tilde{R}} \end{array}$$

Nach dem 1. Fall ist $K_{\tilde{R}} = \tilde{R} \underset{P}{\otimes} K_{\hat{P}} = \tilde{R} \underset{P}{\otimes} K_P$ und somit

$K_{\hat{R}} = \hat{R} \underset{P}{\otimes} K_P = \hat{R} \underset{R}{\otimes} (R \underset{P}{\otimes} K_P)$. Es folgt die Existenz von K_R und $K_R = R \underset{P}{\otimes} K_P$.

4. Das Verhalten des kanonischen Moduls bei Lokalisierung

Wir werden in diesem Abschnitt zeigen, daß für sehr allgemeine Klassen von Ringen die Lokalisierung des kanonischen Moduls nach einem Primideal gleich dem kanonischen Modul der Lokalisierung ist. Als Folgerung ergibt sich, daß die Lokalisierung eines Gorensteinrings nach einem Primideal wieder ein Gorensteinring ist.

Satz 5.22. *Sei S ein kompletter lokaler Ring.* $\mathfrak{q} \subseteq S$ *sei ein Primideal mit der Eigenschaft*

$$h(\mathfrak{q}) + \operatorname{coh}(\mathfrak{q}) = \dim S \quad (\operatorname{coh}(\mathfrak{q}) := \dim S/\mathfrak{q}).$$

Dann ist

$$(K_S)_{\mathfrak{q}} \cong K_{S_{\mathfrak{q}}}.$$

Beweis: Als kompletter lokaler Ring ist S homomorphes Bild eines vollständigen Durchschnitts R gleicher Dimension. Sei $S = R/\mathfrak{a}$ und $\dim S = \dim R = n$.

Wegen 5.9 und 5.12 ist

$$K_S = \operatorname{Hom}_R(S,R).$$

Sei $\mathfrak{p}$ das Urbild von $\mathfrak{q}$ in R. Dann ist $S_{\mathfrak{q}}$ homomorphes Bild des vollständigen Durchschnitts $R_{\mathfrak{p}}$ und $\dim S_{\mathfrak{q}} = n - \operatorname{coh}(\mathfrak{q}) = n - \operatorname{coh}(\mathfrak{p}) = \dim R_{\mathfrak{p}}$.

Folglich ist nach 5.9 und 5.12

$$K_{S_{\mathfrak{q}}} = \operatorname{Hom}_{R_{\mathfrak{p}}}(S_{\mathfrak{q}}, R_{\mathfrak{p}}).$$

Es gilt also

$$(K_S)_{\mathfrak{q}} = (\operatorname{Hom}_R(S,R))_{\mathfrak{q}} = \operatorname{Hom}_{R_{\mathfrak{p}}}(S_{\mathfrak{q}}, R_{\mathfrak{p}}) = K_{S_{\mathfrak{q}}}.$$

Korollar 5.23. *Ist S ein kompletter lokaler* CM-*Ring und* $\mathfrak{q} \subseteq S$ *ein Primideal, dann ist*

$$(K_S)_{\mathfrak{q}} \cong K_{S_{\mathfrak{q}}}.$$

In der Tat ist für einen CM-Ring die Formel

$$h(\mathfrak{p}) + coh(\mathfrak{p}) = \dim S$$

immer richtig (vgl. 1.14).

<u>Korollar 5.24. Sei</u> S <u>ein Gorensteinring und</u> $\mathfrak{p} \subseteq S$ <u>ein Primideal</u>. <u>Dann ist auch</u> $S_{\mathfrak{p}}$ <u>ein Gorensteinring</u>.

<u>Beweis:</u> Im kompletten Fall folgt das unmittelbar aus 5.9 und 5.23.

Sei $\hat{S}$ die Komplettierung von S. Da S ein CM-Ring ist, gibt es nach 1.19 zu jedem Primideal $\mathfrak{p} \subseteq S$ ein Primideal $\bar{\mathfrak{p}} \subseteq \hat{S}$ mit $\bar{\mathfrak{p}} \cap S = \mathfrak{p}$ und $h(\mathfrak{p}) = h(\bar{\mathfrak{p}})$. Die Erweiterung $S_{\mathfrak{p}} \to \hat{S}_{\bar{\mathfrak{p}}}$ ist treuflach und $\dim S_{\mathfrak{p}} = \dim \hat{S}_{\bar{\mathfrak{p}}}$. Also sind die Voraussetzungen von 1.24 erfüllt und es gilt

$$r(\hat{S}_{\bar{\mathfrak{p}}}) = r(S_{\mathfrak{p}}) \cdot r(\hat{S}_{\bar{\mathfrak{p}}}/\mathfrak{p}\hat{S}_{\bar{\mathfrak{p}}}).$$

Wie bereits bewiesen, ist $\hat{S}_{\bar{\mathfrak{p}}}$ ein Gorensteinring und damit auch $S_{\mathfrak{p}}$, denn $1 = r(\hat{S}_{\bar{\mathfrak{p}}}) = r(S_{\mathfrak{p}})$.

<u>Korollar 5.25. Sei</u> S <u>Faktorring eines Gorensteinrings</u> R (<u>man kann annehmen gleicher Dimension</u>). <u>Für das Primideal</u> $\mathfrak{p} \subseteq S$ <u>gelte</u>

$$h(\mathfrak{p}) + coh(\mathfrak{p}) = \dim S.$$

<u>Dann ist</u>

$$(K_S)_{\mathfrak{p}} = K_{S_{\mathfrak{p}}}.$$

Der Beweis erfolgt wie bei Satz 5.22, unter Berücksichtgung der inzwischen bewiesenen Tatsache, daß die Lokalisierung von R nach einem Primideal wieder ein Gorensteinring ist.

6. Vortrag: J. Herzog

Die Struktur des kanonischen Moduls; Anwendungen

Im zweiten Vortrag wurde darauf hingewiesen, daß das kanonische Ideal eines eindimensionalen CM-Rings dem kanonischen Modul entspricht. Dieser Zusammenhang wurde bereits in den Sätzen 5.16 und 5.9 deutlich, wo gezeigt wurde, daß der kanonische Modul K_R eines CM-Rings R ein endlich erzeugter R-Modul ist, der genau dann isomorph ist zu R, wenn R ein Gorensteinring ist. Der entsprechende Satz für das kanonische Ideal wurde in 3.6 bewiesen. Ein Vergleich mit dem 3. Vortrag legt folgende Fragen nahe:

1.) Wann ist der kanonische Modul ein gebrochenes Ideal?

2.) Gilt analog zu 3.1, daß $\mu(K_R) = r(R)$?

3.) Wie verallgemeinert sich die Eigenschaft 2.4 b) des kanonischen Ideals auf den kanonischen Modul?

Es stellt sich heraus, daß sich diese Fragen befriedigend beantworten lassen, wenn man voraussetzt, daß R ein CM-Ring ist. Wir werden daher in diesem Vortrag stets diese Voraussetzung machen, wenn nicht ausdrücklich das Gegenteil gesagt wird.

Im folgenden Satz werden zunächst verschiedene Charakterisierungen des kanonischen Moduls gegeben. Insbesondere untersuchen wir seine minimale injektive Auflösung. Wir verwenden dabei die von Bass [1] eingeführten Bezeichnungsweisen:

Sei R ein noetherscher Ring, M ein R-Modul. Eine <u>minimale injektive Auflösung</u> von M ist ein azyklischer Komplex

$$0 \to M \to I_o(M) \xrightarrow{d_o} I_1(M) \xrightarrow{d_1} I_2(M) \xrightarrow{d_2} \dots \to I_i(M) \xrightarrow{d_i} \dots,$$

wobei für jedes $i \geq 0$, $I_i(M)$ die injektive Hülle von Kern d_i ist. Nach dem Satz von Krull-Remak-Schmidt-Azumaya (vgl. Satz 1.31) kann jeder Modul $I_i(M)$ eindeutig geschrieben werden:

$$I_i(M) = \bigoplus_{\mathfrak{p}\in \mathrm{Spek}(R)} \mu_i(\mathfrak{p};M)\, I(R/\mathfrak{p}),$$

wobei $I(R/\mathfrak{p})$ die injektive Hülle von $R/\mathfrak{p}$ ist und $\mu_i(\mathfrak{p};M)I(R/\mathfrak{p})$ die direkte Summe von $\mu_i(\mathfrak{p};M)$ Exemplaren $I(R/\mathfrak{p})$. Die Kardinalzahlen $\mu_i(\mathfrak{p};M)$ sind Invarianten des Moduls M.

Satz 6.1. R sei ein n-dimensionaler CM-Ring mit Restklassenkörper k und C ein endlich erzeugter R-Modul. Dann sind folgende Aussagen äquivalent:

a) C ist kanonischer Modul von R.

b) Für alle $\mathfrak{p} \in \mathrm{Spek}(R)$ gilt $\mu_i(\mathfrak{p};C) = \delta_{ih(\mathfrak{p})}$, wobei δ das Kronecker-symbol und $h(\mathfrak{p})$ die Höhe von $\mathfrak{p}$ bedeutet.

c) $\dim_k \mathrm{Ext}_R^i(k,C) = \delta_{in}$ (speziell ist $r(C) = 1$).

d) Für alle n-dimensionalen CM-Moduln M gilt:

   1) $\mathrm{Hom}_R(M,C)$ ist ein n-dimensionaler CM-Modul.

   2) $\mathrm{Ext}_R^j(M,C) = 0$ für $j \geq 1$.

   3) Der kanonische Homomorphismus $M \to \mathrm{Hom}_R(\mathrm{Hom}_R(M,C),C)$ ist ein Isomorphismus.

e) Für alle natürlichen Zahlen $i = 0,1,\ldots,n$ und alle i-dimensionalen CM-Moduln M gilt:

   1) $\mathrm{Ext}_R^{n-i}(M,C)$ ist ein i-dimensionaler CM-Modul.

   2) $\mathrm{Ext}_R^j(M,C) = 0$ für $j \neq n - i$.

   3) Es existiert ein natürlicher Isomorphismus $M \to \mathrm{Ext}_R^{n-i}(M,C),C)$.

Beweis: Wir zeigen zunächst die Äquivalenz von a), b) und c):

a) $\to$ c) folgt unmittelbar aus dem Dualitätssatz, (5.5).

b) $\leftrightarrow$ c): Nach Lemma 2.7 von Bass [1] gilt

$\mu_i(\mathfrak{p};M) = \dim_{k(\mathfrak{p})} \mathrm{Ext}_{R_\mathfrak{p}}^i(k(\mathfrak{p}),M_\mathfrak{p})$, wobei $k(\mathfrak{p}) = R_\mathfrak{p}/\mathfrak{p}R_\mathfrak{p}$.

Wendet man dieses Lemma auf das maximale Ideal von R an, so folgt die Behauptung.

b) $\to$ c) läßt sich aber auch direkt zeigen:

Sei $0 \to C \to I_0(C) \to I_1(C) \to \ldots$ eine minimale injektive Auflösung von C. Dann ist $\mathrm{Ext}_R^i(k,C)$ isomorph zum i-ten Homologiemodul des Komplexes

$0 \to \mathrm{Hom}_R(k,I_0(C)) \to \mathrm{Hom}_R(k,I_1(C)) \to \ldots$

Da wegen b) $I_i(C) \cong \bigoplus_{h(\mathfrak{p})=i} I(R/\mathfrak{p})$, folgt $\mathrm{Hom}_R(k,I_i(C)) = 0$

für $i \neq n$ und $\mathrm{Hom}_R(k,I_n(C)) = \mathrm{Hom}_R(k,I(k)) \cong k$.

Hieraus folgt die Behauptung.

c) $\to$ a): Wir dürfen ohne Einschränkung annehmen, daß R komplett ist. Sei M ein endlich erzeugter R-Modul endlicher Länge. Durch Induktion nach der Länge von M zeigt man sofort unter Verwendung der langen exakten Sequenz, daß $\mathrm{Ext}_R^i(M,C) = 0$ für $i \neq n$. Mit anderen Worten der Funktor $\mathrm{Ext}_R^n(\_,C) : \mathcal{L}_{\mathfrak{M}}^f \to \mathcal{L}_{\mathfrak{M}}^f$ ist exakt, wobei $\mathcal{L}_{\mathfrak{M}}^f$ die Kategorie der Moduln endlicher Länge über R ist. Andererseits ist nach Voraussetzung $\mathrm{Ext}_R^n(k,C) \cong k$. Es existiert daher nach 1.38 ein natürlicher Isomorphismus

(1) $$\mathrm{Ext}_R^n(\_,C) \cong \mathrm{Hom}_R(\_,I(k)).$$

Nun ist, wegen 5.2, $K_R \cong \mathrm{Hom}_R(H^n(R),I(k))$. Aus (1) folgt daher $K_R \cong \mathrm{Ext}_R^n(H^n(R),C)$. Es bleibt somit zu zeigen, daß $C \cong \mathrm{Ext}_R^n(H^n(R),C)$: Nach 4.7 ist $H^n(R) \cong H_{\underline{x}}^n(R)$, das heißt, $H^n(R)$ ist isomorph zum direkten Limes des direkten Systems

$$R/(\underline{x}) \xrightarrow{x} R/(\underline{x}^2) \xrightarrow{x} \dots \xrightarrow{x} R/(\underline{x}^\nu) \xrightarrow{x} R/(\underline{x}^{\nu+1}) \xrightarrow{x} \dots,$$

wobei $\underline{x} = \{x_1,\dots,x_n\}$ ein Parametersystem von R ist,

$\underline{x}^\nu = \{x_1^\nu,\dots,x_n^\nu\}$ und $x = \prod_{i=1}^{n} x_i$.

Es gilt also

(2) $$\mathrm{Ext}_R^n(H^n(R),C) \cong \varprojlim \mathrm{Ext}_R^n(R/(\underline{x}^\nu),C).$$

Zur Berechnung des inversen Limes des inversen Systems

$$\dots \xrightarrow{x} \mathrm{Ext}_R^n(R/(\underline{x}^{\nu+1}),C) \xrightarrow{x} \mathrm{Ext}_R^n(R/(\underline{x}^\nu),C) \xrightarrow{x} \dots$$

beachte man zunächst, daß C nach Voraussetzung ein n-dimensionaler CM-Modul ist. Daher ist jede R-reguläre Folge auch C-regulär. Wir erhalten somit wegen 1.8 für alle ν ein kommutatives Diagramm

$$(3)\qquad \begin{array}{ccc} \mathrm{Ext}^n_R(R/(\underline{x}^{\nu+1}),C) & \xrightarrow{\;x\;} & \mathrm{Ext}^n_R(R/(\underline{x}^{\nu}),C) \\ \alpha \big\downarrow \wr & /// & \beta \big\downarrow \wr \\ \mathrm{Hom}_R(R/(\underline{x}^{\nu+1}),C/(\underline{x}^{\nu+1})C) & \xrightarrow{\;x\;} & \mathrm{Hom}_R(R/(\underline{x}^{\nu}),C/(\underline{x}^{\nu+1})C), \end{array}$$

wobei α und β Isomorphismen sind.

Wir konstruieren als Nächstes einen Isomorphismus

$\gamma : \mathrm{Ext}^n_R(R/(\underline{x}^{\nu}),C) \to \mathrm{Hom}_R(R/(\underline{x}^{\nu}),C/(\underline{x}^{\nu})C)$,

so daß das Diagramm

$$(4)\qquad \begin{array}{ccccc} & & \mathrm{Ext}^n_R(R/(\underline{x}^{\nu}),C) & & \\ & \beta \swarrow & /// & \searrow \gamma & \\ \mathrm{Hom}_R(R/(\underline{x}^{\nu}),C/(\underline{x}^{\nu+1})C) & & \xleftarrow{\;x\;} & & \mathrm{Hom}_R(R/(\underline{x}^{\nu}),C/(\underline{x}^{\nu})C) \end{array}$$

kommutativ wird.

Wir setzen $C^{\mu}_i = C/(x^{\mu}_1,\ldots,x^{\mu}_i)C$, $C^{\mu}_o = C$ und $y_i = \prod_{j=1}^{i} x_j$, $y_o = 1$ für $i = 1,\ldots,n$ und $\mu = \nu,\nu+1$. Für alle $i = 0,1,\ldots,n$ erhalten wir ein kommutatives Diagramm mit exakten Zeilen

$$(5)\qquad \begin{array}{ccccccccc} 0 & \longrightarrow & C^{\nu}_i & \xrightarrow{\;x^{\nu}_{i+1}\;} & C^{\nu}_i & \longrightarrow & C^{\nu}_{i+1} & \longrightarrow & 0 \\ & & \big\downarrow y_i & /// & \big\downarrow y_{i+1} & /// & \big\downarrow y_{i+1} & & \\ 0 & \longrightarrow & C^{\nu+1}_i & \xrightarrow[\;x^{\nu+1}_{i+1}\;]{} & C^{\nu+1}_i & \longrightarrow & C^{\nu+1}_{i+1} & \longrightarrow & 0 \end{array}$$

Aus den langen exakten Sequenzen, die sich aus (5) ergeben, erhält man für alle $i = 1,\ldots,n$ kommutative Diagramme

$$(6)\qquad \begin{array}{ccc} \mathrm{Ext}_R^{n-i}(R/(\underline{x}^\nu),C_i^\nu) & \xrightarrow{\sim} & \mathrm{Ext}_R^{n-i-1}(R/(\underline{x}^\nu),C_{i-1}^\nu) \\ \Big\downarrow y_i & /// & \Big\downarrow y_{i-1} \\ \mathrm{Ext}_R^{n-i}(R/(\underline{x}^\nu),C_i^{\nu+1}) & \longrightarrow & \mathrm{Ext}_R^{n-i-1}(R/(\underline{x}^\nu),C_{i-1}^{\nu+1}). \end{array}$$

Setzt man die Diagramme (6) zusammen und beachtet, daß $y_o = 1$, $y_n = x$ und $C_o^\mu = C$, dann erhält man Diagramm (4).

Wegen der Kommutativität von Diagramm (4), ist die Abbildung $\mathrm{Hom}_R(R/(\underline{x}^\nu),C/(\underline{x}^{\nu+1})C) \xleftarrow{x} \mathrm{Hom}_R(R/(\underline{x}^\nu),C/(\underline{x}^\nu)C)$ ein Isomorphismus.

Aus den Diagrammen (3) und (4) erhalten wir das kommutative Diagramm

$$\begin{array}{ccccc} \mathrm{Ext}_R^n(R/(\underline{x}^{\nu+1}),C) & \xrightarrow{x} & \mathrm{Ext}_R^n(R/(\underline{x}^\nu),C) & & \\ \Big\downarrow \wr & /// & \Big\downarrow \wr & /// \searrow \wr & \\ \mathrm{Hom}_R(R/(\underline{x}^{\nu+1}),C/(\underline{x}^{\nu+1})C) & \xrightarrow{x} & \mathrm{Hom}_R(R/(\underline{x}^\nu),C/(\underline{x}^{\nu+1})C) & \searrow & \\ & & & & \mathrm{Hom}(R/(\underline{x}^\nu),C/(\underline{x}^\nu)C) \\ \Big\downarrow \wr & & /// & & \Big\downarrow \wr \\ C/(\underline{x}^{\nu+1})C & & \xrightarrow{\phi} & & C/(\underline{x}^\nu)C \end{array}$$

wobei ϕ der kanonische Epimorphismus ist.

Es folgt, da R komplett ist, daß $\varprojlim \mathrm{Ext}_R(R/(\underline{x}^\nu),C) \cong C$, q.e.d.

c) $\rightarrow$ b) ergibt sich unmittelbar aus [1], 2.7 und Korollar 6.2, das wir aus der bereits bewiesenen Äquivalenz von a) und c) schließen.

Korollar 6.2. *Sei* R *ein* CM-*Ring und* $\mathfrak{y} \in \mathrm{Spek}(R)$. K_R *existiere. Dann existiert auch* $K_{R_\mathfrak{y}}$ *und es gilt* $(K_R)_\mathfrak{y} \cong K_{R_\mathfrak{y}}$ (*vgl. auch* 5.25).

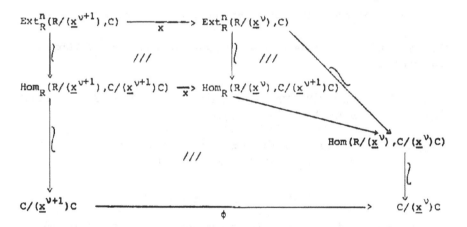

Beweis: Da K_R endliche injektive Dimension besitzt, vgl. 5.4, ist auch der $R_{\mathfrak{y}}$-Modul $(K_R)_{\mathfrak{y}}$ von endlicher injektiver Dimension und es gilt nach [1], 3.3 $\text{inj.dim}_{R_{\mathfrak{y}}}(K_R)_{\mathfrak{y}} = t(R_{\mathfrak{y}})$. Wegen 1.13 ist $R_{\mathfrak{y}}$ CM-Modul mit $\dim R_{\mathfrak{y}} = h(\mathfrak{y})$. Es folgt $\text{inj. dim}_{R_{\mathfrak{y}}}(K_R)_{\mathfrak{y}} = h(\mathfrak{y})$.

Wegen c) ist K_R CM-Modul mit $\dim K_R = \dim R$ und $r(K_R) = 1$. Aus 1.13 folgt wieder, daß $(K_R)_{\mathfrak{y}}$ CM-Modul über $R_{\mathfrak{y}}$ ist mit $\dim(K_R)_{\mathfrak{y}} = \dim R_{\mathfrak{y}} = h(\mathfrak{y})$. Insgesamt folgt

$$\dim_{k(\mathfrak{y})} \text{Ext}^i_{R_{\mathfrak{y}}}(k(\mathfrak{y}), (K_R)_{\mathfrak{y}}) = r\delta_{ih(\mathfrak{y})},$$

wobei $r = r((K_R)_{\mathfrak{y}})$ ist. Es bleibt zu zeigen, daß $r = 1$:
Sei $\hat{R}$ die Komplettierung von R, $\mathfrak{P} \in \text{Ass}_{\hat{R}}(\hat{R}/\mathfrak{y}\hat{R})$. Dann ist nach 5.23 $(\hat{K}_R)_{\mathfrak{P}}$ kanonischer Modul von $R_{\mathfrak{P}}$. Also ist $r((\hat{K}_R)_{\mathfrak{P}}) = 1$. Da $\hat{R}_{\mathfrak{P}}$ flacher $R_{\mathfrak{y}}$-Modul ist und die Faser $\hat{R}_{\mathfrak{P}}/\mathfrak{y}\hat{R}_{\mathfrak{P}}$ wegen 1.19 nulldimensional, also insbesondere ein CM-Ring ist, folgt aus 1.24, daß auch $r((K_R)_{\mathfrak{y}}) = 1$.

Wir haben damit auch die Äquivalenz von a), b) und c) gezeigt.

Als Anwendung der bewiesenen Äquivalenzen beweisen wir Korollar 6.3 und Korollar 6.4.

Korollar 6.3. Sei R ein CM-Ring, K_R existiere und $\underline{x}$ sei eine K_R-reguläre Folge, dann ist $K_R/(\underline{x})K_R \cong K_{R/(\underline{x})}$.

Beweis: Die Anzahl der Elemente von $\underline{x}$ sei r. Jedes Primideal von $R/(\underline{x})$ ist von der Form $\mathfrak{y}/(\underline{x})$, $\mathfrak{y} \in \text{Spek}(R)$. Aus [1], 2.6 folgt

$$\mu_i(\mathfrak{y}/(\underline{x}); K_R/(\underline{x})K_R) = \mu_{i+r}(\mathfrak{y}; K_R).$$

Da $h_R(\mathfrak{y}) = h_{R/(\underline{x})}(\mathfrak{y}/(x)) + r$, folgt aus der Äquivalenz von a) und b) die Behauptung.

Korollar 6.4. Ist R 0-dimensional, dann ist $K_R \cong I(k)$.

Der Beweis ergibt sich unmittelbar aus b).

a) → d): Ohne Einschränkung darf angenommen werden, daß R komplett ist.

Beweis von d), 2): Sei M ein n-dimensionaler CM-Modul.
Nach 4.10 gilt $H^{n-i}(M) = 0$ für $i \geq 1$. Aus dem Dualitätssatz 5.5 folgt

$$\text{Ext}^i_R(M, K_R) \cong \text{Hom}_R(H^{n-i}(M), I(k)) = 0, \text{ für } i \geq 1.$$

Beweis von d), 1) durch vollständige Induktion nach der Dimension von R: Ist R 0-dimensional, dann ist die Behauptung trivial. Sei nun dim R = n und d), 1) für (n-1)-dimensionale CM-Ringe schon bewiesen. Ist x ein NNT von R, dann ist x auch ein NNT von M, da Ass M ⊆ Ass R. Wir erhalten eine exakte Sequenz

$$0 \longrightarrow M \xrightarrow{x} M \longrightarrow M/xM \longrightarrow 0$$

und hieraus die exakte Sequenz

$$0 \longrightarrow \mathrm{Hom}_R(M/xM,K_R) \longrightarrow \mathrm{Hom}_R(M,K_R) \xrightarrow{x} \mathrm{Hom}_R(M,K_R) \longrightarrow$$

$$\mathrm{Ext}^1_R(M/xM,K_R) \longrightarrow \mathrm{Ext}^1_R(M,K_R) \longrightarrow \ldots$$

Wegen d), 1) ist $\mathrm{Ext}^1_R(M,K_R) = 0$. $\mathrm{Hom}_R(M/xM,K_R)$ ist ebenfalls Null, was unmittelbar aus dem Dualitätssatz folgt, wenn man beachtet, daß $H^n(M/xM) = 0$, da dim M/xM < n, vgl. 4.12.

Es folgt $\mathrm{Hom}_R(M,K_R)/x\,\mathrm{Hom}_R(M,K_R) \cong \mathrm{Ext}^1_R(M/xM,K_R) \cong$

$\mathrm{Hom}_{R/(x)}(M/xM,K_R/xK_R) \cong \mathrm{Hom}_{R/(x)}(M/xM,K_{R/(x)})$, vgl. 6.3.

Nach Induktionsvoraussetzung folgt aus obiger Isomorphie, daß $\mathrm{Hom}_R(M,K_R)/x\,\mathrm{Hom}_R(M,K_R)$ ein (n-1)-dimensionaler CM-Modul über R/(x) ist, da M/xM ein solcher ist. Nach 1.16 ist dann $\mathrm{Hom}_R(M,K_R)/x\,\mathrm{Hom}_R(M,K_R)$ auch als R-Modul (n-1)-dimensionaler CM-Modul. Da x ein NNT von R war, folgt die Behauptung.

Aus dem Beweis a) → d), 1) liest man leicht ab, daß allgemeiner gilt

<u>Lemma 6.5. Sei $\underline{x}$ eine reguläre Folge</u>, M <u>ein</u> n-<u>dimensionaler</u> CM-<u>Modul</u>, <u>dann ist</u>

$$\mathrm{Hom}_R(M,K_R)/(\underline{x})\mathrm{Hom}_R(M,K_R) \cong \mathrm{Hom}_{R/(\underline{x})}(M/(\underline{x})M,K_{R/(\underline{x})})$$

<u>Beweis von a) → d), 3):</u> Wir betrachten zuerst den Fall, daß M frei ist. In diesem Fall genügt es, zu zeigen, daß $R \to \mathrm{Hom}_R(\mathrm{Hom}_R(R,K_R),K_R)$ ein Isomorphismus ist, oder mit anderen Worten, daß $R \cong \mathrm{Hom}_R(K_R,K_R)$.

Dazu notieren wir

Lemma 6.6. $H^n(K_R) \cong R$.

Der Beweis ist wortwörtlich derselbe, wie der von 5.9, wenn man nur 6.3 und 6.4 berücksichtigt.

Aus dem Dualitätssatz folgt nun
$Hom_R(K_R,K_R) \cong Hom_R(H^n(K_R),I(k)) \cong Hom_R(I(k),I(k)) \cong R.$
Sei nun M beliebig und $0 \to U \to F \to M \to 0$ eine Darstellung von M. Wir dürfen annehmen, daß $U \neq 0$. Aus der homologischen Charakterisierung der Tiefe folgt sofort, daß auch U ein n-dimensionaler CM-Modul ist. Wegen d), 2) ist dann die Sequenz
$0 \to Hom_R(M,K_R) \to Hom_R(F,K_R) \to Hom_R(U,K_R) \to 0$ exakt. Aus d), 1) folgt, daß $Hom_R(U,K_R)$ n-dimensionaler CM-Modul ist. Dualisiert man nochmal, so erhält man, wieder wegen d), 2), ein kommutatives Diagramm mit exakten Zeilen

$$\begin{array}{ccccccccc}
0 \to & Hom_R(Hom_R(U,K_R),K_R) & \to & Hom_R(Hom_R(F,K_R),K_R) & \to & Hom_R(Hom_R(M,K_R),K_R) & \to 0 \\
 & \uparrow & /// & \uparrow & /// & \uparrow & \\
0 \longrightarrow & U & \longrightarrow & F & \longrightarrow & M & \longrightarrow 0
\end{array}$$

Da $F \to Hom_R(Hom_R(F,K_R),K_R)$ ein Isomorphismus ist und nach [10], 6.6 die Abbildungen $U \to Hom_R(Hom_R(U,K_R),K_R)$ und $M \to Hom_R(Hom_R(M,K_R),K_R)$ Monomorphismen (jeder von 0 verschiedene Untermodul von U bzw. M ist n-dimensional), sind diese sogar Isomorphismen.

d) $\to$ e): Beweis von e), 2): $C \cong Hom_R(R,C)$. Somit ist wegen d), 1) C ein n-dimensionaler CM-Modul.
Sei M ein i-dimensionaler CM-Modul. Aus 1.9 folgt, daß
$Ext^j_R(M,C) = 0$ für $j < n - i$. Es bleibt noch zu zeigen, daß
$Ext^j_R(M,C) = 0$ für $j > n - i$. Wir benötigen dazu einen Hilfssatz:

Sei $0 \to U \to F \to M \to 0$ eine exakte Sequenz endlich erzeugter R-Moduln, F frei und $U \neq 0$. Dann gilt

a) $t(U) = t(M) + 1$, falls $t(M) < n$.

b) $t(U) = n$, falls $t(M) = n$.

Der Beweis folgt unmittelbar aus der homologischen Charakterisierung der Tiefe.

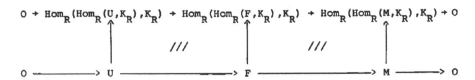

Sei nun $F : \ldots \to F_2 \to F_1 \to F_o \to O$ ein azyklischer Komplex freier Moduln mit $H_o(F) = M$. Sei U_j der Kern von $F_j \to F_{j-1}$ für $j \geq 1$ und U_o das Bild von $F_1 \to F_o$.
Wir dürfen annehmen, daß $U_j \neq o$ für alle j, denn andernfalls ist proj.dim $M < \infty$ und die Behauptung folgt sofort aus der Formel proj.dim $M + t(M) = t(R)$.

Aus d), 2) folgt: Ist $O \to M_1 \to M_2 \to M_3 \to O$ eine exakte Sequenz n-dimensionaler CM-Moduln, dann ist auch $O \to \mathrm{Hom}_R(M_3,C) \to \mathrm{Hom}_R(M_2,C) \to \mathrm{Hom}_R(M_1,C) \to O$ exakt. Daher ist $H^j(\mathrm{Hom}_R(F,C)) = O$ für $j > n - i$, da $t(U_j) = n$ für $j \geq n - i - 1$, wie sich sofort aus obigem Hilfssatz ergibt. Die Behauptung folgt nun aus $\mathrm{Ext}^j_R(M,C) \cong H^j(\mathrm{Hom}_R(F,C))$.

Beweis von e), 1) durch vollständige Induktion nach $\ell = n - \dim M$, ($i = \dim M = n - \ell$):

Für $\ell = O$ ist e), 1) nach Voraussetzung d), 1) erfüllt. Wir benötigen im weiteren Verlauf des Beweises öfters folgenden Hilfssatz: Sei M ein k-dimensionaler CM-Modul, $k < n$, dann existiert eine kurze exakte Sequenz

$$O \to U \to N \to M \to O$$

wobei N und U (k+1)-dimensionale CM-Moduln sind.

<u>Beweis:</u> Sei $F \to M$ ein Epimorphismus, F ein endlich erzeugter, freier R-Modul. Da R ein CM-Ring ist, existiert eine reguläre Folge $\underline{x} = x_1,\ldots,x_{n-k+1}$, $(\underline{x}) \subseteq \mathrm{Ann}\, M$. Wir setzen $N = F/(\underline{x})F$. Dann induziert $F \to M$ einen Epimorphismus $N \to M$. Sei U der Kern von $N \to M$. Wir erhalten die exakte Sequenz

$$O \to U \to N \to M \to O$$

Mit Hilfe der homologischen Charakterisierung der Tiefe prüft man leicht nach, daß U und N (k+1)-dimensionale CM-Moduln sind. Wir nennen im folgenden eine solche Sequenz kurz <u>A-Sequenz</u>.

Sei nun M ein $(n-\ell)$-dimensionaler CM-Modul und

$$O \to U \to N \to M \to O$$

eine A-Sequenz. Wir erhalten die lange exakte Sequenz

$$\ldots \to \mathrm{Ext}_R^{\ell-1}(M,C) \to \mathrm{Ext}_R^{\ell-1}(N,C) \to \mathrm{Ext}_R^{\ell-1}(U,C) \to$$

$$\mathrm{Ext}_R^{\ell}(M,C) \to \mathrm{Ext}_R^{\ell}(N,C) \to \ldots$$

Aus der schon bewiesenen Aussage e), 2) folgt, daß $\mathrm{Ext}_R^{\ell-1}(M,C) = 0$ und $\mathrm{Ext}_R^{\ell}(N,C) = 0$. Es ergibt sich daher die kurze exakte Sequenz

(1) $$0 \to \mathrm{Ext}_R^{\ell-1}(N,C) \to \mathrm{Ext}_R^{\ell-1}(U,C) \to \mathrm{Ext}_R^{\ell}(M,C) \to 0$$

Nach Induktionsvoraussetzung sind $\mathrm{Ext}_R^{\ell-1}(N,C)$ und $\mathrm{Ext}_R^{\ell-1}(U,C)$ $(n-\ell+1)$-dimensionale CM-Moduln. Aus der homologischen Charakterisierung der Tiefe ergibt sich, daß $t(\mathrm{Ext}_R^{\ell}(M,C)) \geq n-\ell$. Da offenbar $\dim \mathrm{Ext}_R^{\ell}(M,C) \leq n - \ell$, wie man durch Lokalisieren sofort feststellt, folgt die Behauptung.

Beweis von e), 3) durch vollständige Induktion nach $\ell = n - \dim M$:

Für $\ell = o$ ist e), 3) nach Voraussetzung d), 3) erfüllt. Sei nun M ein $(n-\ell)$-dimensionaler CM-Modul und

$$0 \to U \to N \to M \to 0$$

eine A-Sequenz. Wie oben erhalten wir die kurze exakte Sequenz (1) und hieraus die lange exakte Sequenz

$$\ldots \mathrm{Ext}_R^{\ell-1}(\mathrm{Ext}_R^{\ell}(M,C),C) \to \mathrm{Ext}_R^{\ell-1}(\mathrm{Ext}_R^{\ell-1}(U,C),C) \to \mathrm{Ext}_R^{\ell-1}(\mathrm{Ext}_R^{\ell-1}(N,C),C) \to$$

$$\mathrm{Ext}_R^{\ell}(\mathrm{Ext}_R^{\ell}(M,C),C) \to \mathrm{Ext}_R^{\ell}(\mathrm{Ext}_R^{\ell-1}(U,C),C) \to \ldots$$

Wegen e), 1) ist $\mathrm{Ext}_R^{\ell}(M,C)$ ein $(n-\ell)$-dimensionaler CM-Modul und $\mathrm{Ext}_R^{\ell-1}(U,C)$ ein $(n-\ell+1)$-dimensionaler CM-Modul.

Aus e), 2) folgt daher, daß $\mathrm{Ext}_R^{\ell-1}(\mathrm{Ext}_R^{\ell}(M,C),C) = 0$ und $\mathrm{Ext}_R^{\ell}(\mathrm{Ext}_R^{\ell-1}(U,C),C) = 0$.

Nach Induktionsvoraussetzung existieren natürliche Isomorphismen $\alpha : U \to \mathrm{Ext}_R^{\ell-1}(\mathrm{Ext}_R^{\ell-1}(U,C),C)$ und $\beta : N \to \mathrm{Ext}_R^{\ell-1}(\mathrm{Ext}_R^{\ell-1}(N,C),C)$. Wir erhalten daher ein kommutatives Diagramm mit exakten Zeilen

$$\begin{array}{ccccccccc}
0 \to \operatorname{Ext}_R^{\ell-1}(\operatorname{Ext}_R^{\ell-1}(U,C),C) & \to & \operatorname{Ext}_R^{\ell-1}(\operatorname{Ext}_R^{\ell-1}(N,C),C) & \to & \operatorname{Ext}_R^{\ell}(\operatorname{Ext}_R(M,C),C) \to 0 \\
\uparrow \alpha & /// & \uparrow \beta & & \\
0 \longrightarrow U & \longrightarrow & N & \longrightarrow & M \longrightarrow 0
\end{array}$$

Die Isomorphismen α und β induzieren einen Isomorphismus
$\gamma \ : M \to \operatorname{Ext}_R^{\ell}(\operatorname{Ext}_R^{\ell}(M,C),C)$.

Es bleibt zu zeigen, daß γ natürlich ist:

<u>1. Schritt:</u> Es sei

(2)
$$\begin{array}{ccccccccc}
0 & \longrightarrow & U_1 & \longrightarrow & N_1 & \longrightarrow & M_1 & \longrightarrow & 0 \\
 & & \downarrow & /// & \downarrow & /// & \downarrow & & \\
0 & \longrightarrow & U_2 & \longrightarrow & N_2 & \longrightarrow & M_2 & \longrightarrow & 0
\end{array}$$

ein kommutatives Diagramm, wobei M_i $(n-\ell)$-dimensionale CM-Moduln, $\ell > o$, und die Zeilen A-Sequenzen sind. Dieses Diagramm induziert ein kommutatives Diagramm

$$\begin{array}{ccc}
M_1 & \longrightarrow & M_2 \\
\gamma_1 \downarrow & /// & \downarrow \gamma_2 \\
T^{\ell}(M_1) & \longrightarrow & T^{\ell}(M_2)
\end{array}$$

wobei γ_i der wie oben zur A-Sequenz $0 \to U_i \to N_i \to M_i \to 0$ konstruierte Isomorphismus ist und $T^{\ell}(\_) = \operatorname{Ext}_R^{\ell}(\operatorname{Ext}_R^{\ell}(\_,C),C)$.

<u>Beweis:</u> Aus Diagramm (2) erhalten wir wie oben ein Diagramm mit exakten Zeilen

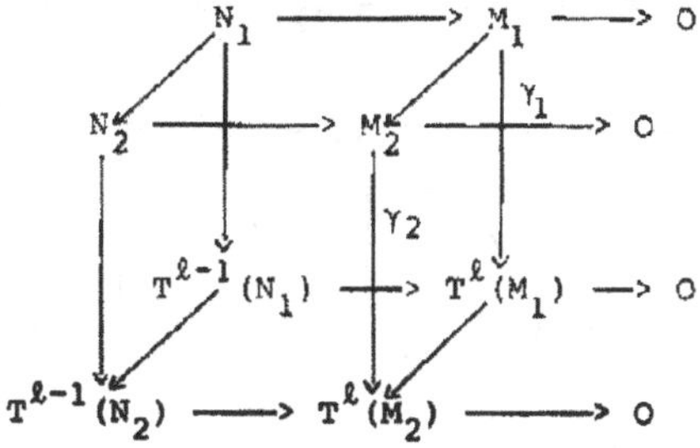

Das Diagramm

$$\begin{array}{ccc} N_1 & \longrightarrow & N_2 \\ \downarrow & & \downarrow \\ T^{\ell-1}(N_1) & \longrightarrow & T^{\ell-1}(N_2) \end{array}$$

ist nach Induktionsvoraussetzung kommutativ. Die übrigen Seiten des Würfels, bis auf das Diagramm

(3)
$$\begin{array}{ccc} M_1 & \longrightarrow & M_2 \\ {\scriptstyle \gamma_1}\downarrow & & \downarrow{\scriptstyle \gamma_2} \\ T^{\ell}(M_1) & \longrightarrow & T^{\ell}(M_2) \end{array}$$

sind trivialerweise kommutativ. Dann ist aber auch (3) kommutativ, da $N_1 \to M_1$ ein Epimorphismus ist.

<u>2. Schritt:</u> γ ist unabhängig von der gewählten A-Sequenz.

<u>Beweis:</u> Seien $0 \to U_1 \to N_1 \to M \to 0$ und $0 \to U_2 \to N_2 \to M \to 0$ A-Sequenzen. Die Epimorphismen $N_1 \to M$ und $N_2 \to M$ induzieren einen Epimorphismus $N_1 \oplus N_2 \to M$. Sei V der Kern von $N_1 \oplus N_2 \to M$, dann ist offenbar auch

$$0 \to V \to N_1 \oplus N_2 \to M \to 0$$

eine A-Sequenz. Wir erhalten zwei kommutative Diagramme

$$\begin{array}{ccccccccc} 0 & \longrightarrow & U_1 & \longrightarrow & N_1 & \longrightarrow & M & \longrightarrow & 0 \\ & & \downarrow & /// & \downarrow & /// & \| & & \\ 0 & \longrightarrow & V & \longrightarrow & N_1 \oplus N_2 & \longrightarrow & M & \longrightarrow & 0 \end{array}$$

und

$$\begin{array}{ccccccccc} 0 & \longrightarrow & U_2 & \longrightarrow & N_2 & \longrightarrow & M & \longrightarrow & 0 \\ & & \downarrow & /// & \downarrow & /// & \| & & \\ 0 & \longrightarrow & V & \longrightarrow & N_1 \oplus N_2 & \longrightarrow & M & \longrightarrow & 0 \end{array}$$

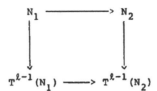

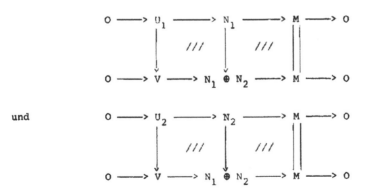

Hieraus ergeben sich nach Schritt 1 die kommutativen Diagramme

$$
\begin{array}{ccc}
M & = & M \\
\gamma_1 \downarrow & /// & \downarrow \gamma \\
T^\ell(M) & = & T^\ell(M)
\end{array}
\qquad \text{und} \qquad
\begin{array}{ccc}
M & = & M \\
\gamma_2 \downarrow & /// & \downarrow \gamma \\
T^\ell(M) & = & T^\ell(M)
\end{array}
$$

wobei γ_1, γ_2 und γ die zu den A-Sequenzen $0 \to U_1 \to N_1 \to M \to 0$, $0 \to U_2 \to N_2 \to M \to 0$ und $0 \to V \to N_1 \oplus N_2 \to M \to 0$ konstruierten Isomorphismen sind. Es folgt, daß $\gamma_1 = \gamma_2$.

3. Schritt: Seien M_1, M_2 (n-ℓ)-dimensionale CM-Moduln $\phi : M_1 \to M_2$ ein Homomorphismus. Nach Schritt 1 und 2 genügt es zu zeigen, daß ein kommutatives Diagramm

$$
\begin{array}{ccccccccc}
0 & \longrightarrow & U_1 & \longrightarrow & N_1 & \longrightarrow & M_1 & \longrightarrow & 0 \\
& & \chi \downarrow & /// & \Psi \downarrow & /// & \phi \downarrow & & \\
0 & \longrightarrow & U_2 & \longrightarrow & N_2 & \longrightarrow & M_2 & \longrightarrow & 0
\end{array}
$$

existiert, wobei die Zeilen A-Sequenzen sind:

Wir stellen M_1 und M_2 dar als homomorphe Bilder von freien Moduln F_1 und F_2. ϕ induziert einen Homomorphismus $\Psi' : F_1 \to F_2$, so daß das Diagramm

$$
\begin{array}{ccccc}
F_1 & \longrightarrow & M_1 & \longrightarrow & 0 \\
\Psi' \downarrow & /// & \phi \downarrow & & \\
F_2 & \longrightarrow & M_2 & \longrightarrow & 0
\end{array}
$$

kommutativ ist.

Sei $\underline{x} = x_1, \dots, x_{\ell-1}$ eine reguläre Folge mit $(\underline{x}) \subseteq \mathrm{Ann}\, M_1 \cap \mathrm{Ann}\, M_2$.

Wir setzen $N_1 = F_1/(\underline{x})F_1$ und $N_2 = F_2/(\underline{x})F_2$ und erhalten das kommutative Diagramm

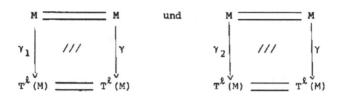

$$\begin{array}{ccccccccc}
0 & \longrightarrow & U_1 & \longrightarrow & N_1 & \longrightarrow & M_1 & \longrightarrow & 0 \\
 & & \downarrow \chi & /// & \downarrow \Psi & /// & \downarrow \Phi & /// & \\
0 & \longrightarrow & U_2 & \longrightarrow & N_2 & \longrightarrow & M_2 & \longrightarrow & 0
\end{array}$$

wobei U_i der Kern von $N_i \to M_i$ ist, Ψ durch Ψ' und χ durch ϕ und Ψ induziert wird.

Offenbar sind die Zeilen A-Sequenzen, q.e.d.

e) $\to$ c): Aus e), 2) folgt, daß $\mathrm{Ext}^j_R(k,C) = 0$ für $j \neq n$. $\mathrm{Ext}^n_R(k,C) \cong k$ folgt leicht aus e), 1) und e), 3).

Bemerkung: a) $\to$ e), 3) wird in [10], S. 94 als Übungsaufgabe gestellt.

Mit Hilfe der Charakterisierung 6.1, c) des kanonischen Moduls, läßt sich die zu Beginn gestellte Frage 1 folgendermaßen beantworten. (Für einen Beweis in einer etwas anderen Situation siehe 7.20)

Korollar 6.7. Sei R ein CM-Ring, K_R existiere, dann sind folgende Aussagen äquivalent:

a) Für alle minimalen Primideale $\mathfrak{p}$ von R ist $R_{\mathfrak{p}}$ ein Gorensteinring.

b) K_R ist ein gebrochenes R-Ideal.

c) K_R ist ein gebrochenes R-Ideal, das einen NNT von R enthält.

Beweis: c) $\to$ b) ist trivial.

b) $\to$ a): Ist K_R ein gebrochenes Ideal, dann ist auch $(K_R)_{\mathfrak{p}}$ ein gebrochenes $R_{\mathfrak{p}}$-Ideal, also ein Untermodul von $R_{\mathfrak{p}}$, da $R_{\mathfrak{p}}$ o-dimensional ist. Wegen 6.2 und 6.5 gilt $I(k) \cong K_{R_{\mathfrak{p}}} \cong (K_R)_{\mathfrak{p}}$. Da $R_{\mathfrak{p}}$ als lokaler Ring direkt unzerlegbar ist, muß $I(k)$ als injektiver Untermodul von $R_{\mathfrak{p}}$ isomorph zu $R_{\mathfrak{p}}$ sein. Also ist $R_{\mathfrak{p}}$ nach 1.42 oder 5.9 ein Gorensteinring.

a) $\to$ c): Aus 6.1, b) folgt, daß $K_R \subseteq \bigoplus_{h(\mathfrak{p})=0} I_R(R/\mathfrak{p})$.

Man überlegt sich leicht, daß

$I_R(R/\mathfrak{p}) = I_R(R_{\mathfrak{p}}/\mathfrak{p}R_{\mathfrak{p}}) = I_{R_{\mathfrak{p}}}(R_{\mathfrak{p}}/\mathfrak{p}R_{\mathfrak{p}})$. Da nach Voraussetzung $R_{\mathfrak{p}}$ ein Gorensteinring ist, folgt aus 1.43

$$I_{R_{\mathfrak{p}}}(R_{\mathfrak{p}}/\mathfrak{p}R_{\mathfrak{p}}) = R_{\mathfrak{p}}.$$

Wir erhalten daher

$$K_R \subseteq \bigoplus_{h(\mathfrak{p})=0} I_R(R/\mathfrak{p}) = \bigoplus_{h(\mathfrak{p})=0} R_{\mathfrak{p}} = Q(R),$$

wobei Q(R) der volle Quotientenring von R ist. Es folgt, daß K_R ein gebrochenes Ideal ist.
Um zu zeigen, daß K_R einen NNT von R enthält, dürfen wir annehmen, daß $K_R \subseteq R$.
Angenommen K_R enthält keinen NNT von R, dann existiert ein minimales Primideal $\mathfrak{p}$ von R mit $K_R \subseteq \mathfrak{p}$. Es folgt $K_{R_{\mathfrak{p}}} \cong (K_R)_{\mathfrak{p}} \subseteq \mathfrak{p} R_{\mathfrak{p}}$. Also ist $K_{R_{\mathfrak{p}}}$ ein echtes Ideal von $R_{\mathfrak{p}}$ und daher nicht isomorph zu $R_{\mathfrak{p}}$, da $R_{\mathfrak{p}}$ 0-dimensional ist. Dies ist ein Wiederspruch, da $R_{\mathfrak{p}}$ ein Gorensteinring ist, und daher nach 5.9 $K_{R_{\mathfrak{p}}} \cong R_{\mathfrak{p}}$.

Die 3. Frage ist ebenfalls beantwortet, da der Eigenschaft 2.4, b) des kanonischen Ideals offenbar die Eigenschaft 6.1, d), 3) des kanonischen Moduls entspricht.

Genauer erhält man: Falls K_R mit einem gebrochenen R-Ideal identifiziert werden kann, dann gilt für alle CM-Ideale von R, die einen NNT enthalten

$$K_R : (K_R : \mathfrak{a}) = \mathfrak{a}$$

Denn nach 2.1 ist diese Formel äquivalent mit der Bijektivität der kanonischen Abbildung

$$\mathfrak{a} \to \mathrm{Hom}_R(\mathrm{Hom}_R(\mathfrak{a}, K_R), K_R).$$

Ist R 1-dimensional, dann ist jedes R-Ideal ein CM-Ideal, daher ist der kanonische Modul von R, falls er existiert und ein Ideal ist, ein kanonisches Ideal im Sinne des 2. Vortrags.

Bevor wir uns der 2. Frage zuwenden, wollen wir noch 6.1 heranziehen, um Gorensteinringe zu charakterisieren.

<u>Korollar 6.8.</u> <u>Sei</u> R <u>ein</u> n-<u>dimensionaler</u> CM-<u>Ring</u>. <u>Dann sind folgende Aussagen äquivalent</u>:

a) R <u>ist ein Gorensteinring</u>.

b) R besitzt eine minimale injektive Auflösung der Gestalt

$$0 \to R \to \bigoplus_{h(\mathfrak{p})=0} I(R/\mathfrak{p}) \to \dots \bigoplus_{h(\mathfrak{p})=i} I(R/\mathfrak{p}) \to \dots \to I(R/\mathfrak{m}) \to 0$$

c) Für alle n-dimensionalen CM-Moduln M gilt:

1.) $Hom_R(M,R)$ ist ein n-dimensionaler CM-Modul.

2.) $Ext_R^j(M,R) = 0$ für $j \geq 1$.

3.) Der natürliche Homomorphismus $M \to Hom_R(Hom_R(M,R),R)$ ist ein Isomorphismus.

d) Für alle n-dimensionalen CM-Moduln M ist $Ext_R^1(M,R) = 0$.

Beweis: Die Äquivalenz der Aussagen a), b) und c) ergibt sich unmittelbar aus 6.1 und 5.9. c) → d) ist trivial.

d) → c): Sei M ein n-dimensionaler CM-Modul.

Beweis von c), 2): Es existiert eine kurze exakte Sequenz

$$0 \to N \to F \to M \to 0,$$

wobei F ein endlich erzeugter, freier Modul und N ein n-dimensionaler CM-Modul ist. Für $j \geq 2$ erhält man hieraus $Ext_R^{j-1}(N,R) \cong Ext_R^j(M,R)$. Durch Induktion nach j ergibt sich die Behauptung.

Beweis von c), 1): Wir dürfen ohne Einschränkung annehmen, daß $\dim R > 0$ und M nicht frei ist. Dann ist $\text{proj.dim } M = \infty$. Sei

$$\dots \to F_n \to \dots \to F_1 \to F_0 \to M \to 0$$

eine freie Auflösung von M, wobei die F_i endlich erzeugt sind. Setzen wir $N_i = \text{Kokern}(F_i \to F_{i-1})$ für $i \geq 1$, dann erhalten wir die kurzen exakten Sequenzen

$$\begin{array}{l} 0 \to N_1 \to F_0 \to M \to 0 \\ 0 \to N_2 \to F_1 \to N_1 \to 0 \\ \quad\ \vdots \qquad \vdots \qquad \vdots \\ 0 \to N_{i+1} \to F_i \to N_i \to 0 \\ \quad\ \vdots \qquad \vdots \qquad \vdots \end{array}$$

Der Kürze halber setzen wir $W^* = \mathrm{Hom}_R(W,R)$ für alle R-Moduln W. Aus den kurzen exakten Sequenzen erhalten wir, da M und alle N_i n-dimensionale CM-Moduln sind, wegen c), 2) die kurzen exakten Sequenzen

$$0 \to M^* \to F_o^* \to N_1^* \to 0$$

$$0 \to N_1^* \to F_1^* \to N_2^* \to 0$$

$$\vdots \qquad \vdots \qquad \vdots$$

$$0 \to N_i^* \to F_i^* \to N_{i+1}^* \to 0$$

$$\vdots \qquad \vdots \qquad \vdots$$

Angenommen $t(M^*) = k < n$, dann folgt aus der homologischen Charakterisierung der Tiefe und durch Induktion, daß $t(N_i^*)=k-i$ für $i=1,\ldots,k$. Insbesondere ist $t(N_k^*)=0$. Da $N_k^* \neq 0$, wegen $\mathrm{Ass}\, N_k^* = \mathrm{Ass}\, R \cap \mathrm{Supp}\, N_k = \mathrm{Ass}\, R$, und N_k^* Untermodul von F_k^* und $t(F_k^*) = n > o$, ist auch $t(N_k^*) > o$, ein Widerspruch.

Beweis von c), 3): Wir betrachten wieder die kurze exakte Sequenz

$$0 \to N \to F \to M \to 0$$

Wegen c), 2) erhält man die kurze exakte Sequenz

$$0 \to M^* \to F^* \to N^* \to 0$$

Hierbei sind wegen c), 1) M^* und N^* n-dimensionale CM-Moduln.

Dualisiert man nochmal, so erhält man wieder wegen c), 2) ein kommutatives Diagramm

$$\begin{array}{ccccccccc} 0 \to & N & \to & F & \to & M & \to 0 \\ & \downarrow & & \downarrow & & \downarrow & \\ 0 \to & N^{**} & \to & F^{**} & \to & M^{**} & \to 0 \end{array}$$

mit exakten Zeilen. Hierbei bezeichnen die vertikalen Pfeile die kanonischen Homomorphismen. $F \to F^{**}$ ist ein Isomorphismus, da F frei ist. Es folgt, daß $N \to N^{**}$ ein Monomorphismus und $M \to M^{**}$ ein Epimorphismus ist. Wenden wir nun obige Schlußweise auf den n-dimensionalen CM-Modul N (anstelle von M an), so ergibt sich, daß $N \to N^{**}$ auch ein Epimorphismus, also ein Isomorphismus ist. Aus dem Diagramm folgt dann, daß auch

$M \to M^{**}$ ein Isomorphismus ist.

Bemerkungen: 1.) Die Äquivalenz von a) und b) zeigt Bass in [1], § 1 ("Fundamental Theorem").
2.) c), 3) besagt, daß jeder n-dimensionale CM-Modul über einem Gorensteinring reflexiv ist. Die Umkehrung hiervon gilt allerdings nicht. Zum Beispiel ist c), 3) erfüllt für jeden normalen CM-Ring, vgl. 7.27. Ein normaler CM-Ring braucht jedoch kein Gorensteinring zu sein, wie das Beispiel des Segre-Kegels zeigt.
3.) Ist die Dimension von R kleiner oder gleich 2 , dann ist c), 1) immer erfüllt. Für höherdimensionale CM-Ringe braucht c), 1) jedoch nicht immer zu gelten. Ein Gegenbeispiel liefert wieder der Segre-Kegel, wie sich aus dem folgenden Korollar ergibt.

Korollar 6.9. Sei R ein n-dimensionaler CM-Ring, $n \geq 2$. Dann sind folgende Aussagen äquivalent:

a) R ist ein Gorensteinring.

b) 1.) Für alle n-dimensionalen CM-Moduln M ist $\mathrm{Hom}_R(M,R)$ ein n-dimensionaler CM-Modul.

2.) Für alle $\mathfrak{P} \in \mathrm{Spek}(R)$ mit $h(\mathfrak{P}) = 2$ ist $R_{\mathfrak{P}}$ ein Gorensteinring.

Beweis: Wir haben nur zu zeigen, daß aus b) die Behauptung a) folgt. Die Umkehrung ist trivial.

Angenommen R sei kein Gorensteinring. Dann existiert wegen 6.8, d) ein n-dimensionaler CM-Modul M mit $\mathrm{Ext}^1_R(M,R) \neq 0$. Ferner existiert eine kurze exakte Sequenz

$$0 \to N \to F \to M \to 0,$$

wobei F ein endlich erzeugter, freier Modul und N ein n-dimensionaler CM-Modul ist. Wir erhalten hieraus die exakte Sequenz

$$0 \to \mathrm{Hom}_R(M,R) \to \mathrm{Hom}_R(F,R) \to \mathrm{Hom}_R(N,R) \to \mathrm{Ext}^1_R(M,R) \to 0$$

Wegen b), 1) sind die Moduln $\mathrm{Hom}_R(M,R)$, $\mathrm{Hom}_R(F,R)$ und $\mathrm{Hom}_R(N,R)$ n-dimensionale CM-Moduln. Aus der exakten Sequenz folgt daher, daß $t(\mathrm{Ext}^1_R(M,R)) \geq n - 2$, also auch $\dim \mathrm{Ext}^1(M,R) \geq n - 2$. Es existiert daher ein Primideal $\mathfrak{P} \in \mathrm{Supp}\, M$ mit $h(\mathfrak{P}) = 2$. Nun ist aber wegen b), 2) $R_{\mathfrak{P}}$ ein Gorensteinring. Also folgt aus 6.8, d) $\mathrm{Ext}^1(M,R)_{\mathfrak{P}} = 0$, ein Widerspruch.

Satz 6.10. Sei R ein n-dimensionaler CM-Ring, M ein i-dimensionaler CM-Modul. Dann gilt

$$r(M) = \mu(\mathrm{Ext}_R^{n-i}(M,K_R)) \text{ und } \mu(M) = r(\mathrm{Ext}_R^{n-i}(M,K_R)).$$

Beweis: Wir führen den Beweis in mehreren Schritten. Es genügt dabei, jeweils eine der beiden Gleichungen zu beweisen, da die andere dann unmittelbar aus 6.1, e), 3) folgt.

1. Schritt: dim M = dim R = O.
Sei I(k) die injektive Hülle des Restklassenkörpers $k = R/\mathfrak{m}$ von R. Da der Funktor $\mathrm{Hom}_R(\_,I(k))$ exakt ist gilt

$$\mathrm{Hom}_R(M/\mathfrak{m}M,I(k)) \cong \{\phi\varepsilon\mathrm{Hom}_R(M,I(k))/\phi(\mathfrak{m}M) = 0\}$$

Ferner gilt

$$\{\phi\varepsilon\mathrm{Hom}_R(M,I(k))/\phi(\mathfrak{m}M) = 0\} = \{\phi\varepsilon\mathrm{Hom}_R(M,I(k))/\mathfrak{m}\phi = 0\}$$

$$\cong \mathrm{Hom}_R(k,\mathrm{Hom}_R(M,I(k))) \cong \mathrm{Hom}_R(k,\mathrm{Hom}_R(M,K_R)).$$

Der letzte Isomorphismus folgt aus der Tatsache, daß der kanonische Modul eines O-dimensionalen Rings isomorph ist zur injektiven Hülle des Restklassenkörpers, vgl. 6.4.

Zusammen mit 1.36, ergibt sich aus obigen Identitäten

$$\mu(M) = \dim_k M/\mathfrak{m}M = \dim_k \mathrm{Hom}_R(M/\mathfrak{m}M,I(k)) =$$

$$\dim_k \mathrm{Hom}_R(k,\mathrm{Hom}_R(M,K_R)) = r(\mathrm{Hom}_R(M,K_R)).$$

2. Schritt: dim M = dim R = n.
Sei $\underline{x} = \{x_1,\ldots,x_n\}$ eine maximale reguläre Folge von R, $M' = M/(\underline{x})M$ und $R' = R/(\underline{x})$. Aus 6.5 folgt $\mathrm{Hom}_R(M,K_R)/(\underline{x})\mathrm{Hom}_R(M,K_R) \cong \mathrm{Hom}_{R'}(M',K_{R'})$.

Unter Beachtung einfacher Regeln für die Invarianten μ und r, ergibt sich nun aus dem 1. Schritt

$$\mu_R(\mathrm{Hom}_R(M,K_R)) = \mu_R(\mathrm{Hom}_R(M,K_R)/(\underline{x})\mathrm{Hom}_R(M,K_R)) =$$

$$\mu_R(\mathrm{Hom}_{R'}(M',K_{R'})) = \mu_{R'}(\mathrm{Hom}_{R'}(M',K_{R'})) = r(M') = r(M).$$

3. Schritt: Beweis des Satzes im allgemeinen Fall: dim M = i, dim R = n.

Sei $\underline{x} = \{x_1,\ldots,x_d\}$ eine maximale, reguläre Folge mit $(\underline{x})\subseteq\mathrm{Ann}(M)$. Da

R ein CM-Ring ist, folgt d = n - i. Wir setzen R' = R/($\underline{x}$) und erhalten aus 6.3 $\mathrm{Ext}_R^{n-i}(M,K_R) \cong \mathrm{Hom}_{R'}(M,K_R/(\underline{x})K_R) \cong \mathrm{Hom}_{R'}(M,K_{R'})$.
Wegen 1.16 ist M ein CM-Modul über R' mit dim M = dim R'. Aus dem 2. Schritt folgt zusammen mit 1.22, b)

$$r_R(M) = r_{R'}(M) = \mu_{R'}(\mathrm{Hom}_{R'}(M,K_{R'})) = \mu_{R'}(\mathrm{Ext}_R^{n-i}(M,K_R))$$

$$= \mu_R(\mathrm{Ext}_R^{n-i}(M,K_R)).$$

<u>Korollar 6.11.</u> <u>Ist</u> R <u>ein</u> CM-<u>Ring</u>, <u>dann gilt</u>

$$\mu(K_R) = r(R).$$

<u>Insbesondere ist</u> R <u>genau dann ein Gorensteinring</u>, <u>wenn</u> K_R <u>monogen ist</u>.

<u>Korollar 6.12.</u> <u>Sei</u> R <u>ein</u> n-<u>dimensionaler</u> CM-<u>Ring und Integritätsbereich</u>. K_R <u>existiere und</u> M <u>sei ein endlich erzeugter</u> R-<u>Modul</u>. <u>Dann sind folgende Aussagen äquivalent</u>:

a) $M \cong K_R$.

b) M <u>ist ein</u> n-<u>dimensionaler</u> CM-<u>Modul mit</u> r(M) = 1.

<u>Beweis:</u> a) → b) folgt allgemein aus dem Dualitätssatz 5.5.

b) → a): $\mu(\mathrm{Hom}_R(M,K_R)) = r(M) = 1$. Es folgt $\mathrm{Hom}_R(M,K_R) \cong R/\mathfrak{a}$, wobei $\mathfrak{a}$ ein Ideal von R ist. Nun ist wegen 6.1, d), 1) $\mathrm{Hom}_R(M,K_R)$, also auch $R/\mathfrak{a}$, ein n-dimensionaler CM-Modul. Da R ein Integritätsbereich ist, muß $\mathfrak{a}$ das Nullideal sein. Also gilt $\mathrm{Hom}_R(M,K_R) \cong R$. Nach 6.1, a), 3) folgt hieraus $M \cong \mathrm{Hom}_R(R,K_R) \cong K_R$.

<u>Bemerkung:</u> 6.12 besagt insbesondere, daß es höchstens eine Isomorphieklasse von CM-Moduln M mit dim M = dim R und r(M) = 1 gibt, falls R ein CM-Ring und Integritätsbereich ist. Setzt man nicht voraus, daß R ein Integritätsbereich ist, dann findet man leicht Gegenbeispiele.

<u>Korollar 6.13.</u> <u>Sei</u> R <u>ein</u> CM-<u>Ring mit</u> dim R $\geq$ 1. <u>Der kanonische Modul</u> K_R <u>von</u> R <u>existiere und sei ein Ideal</u>. <u>Wählt man</u> K_R <u>so</u>, <u>daß</u> K_R <u>ein echtes Ideal von</u> R <u>ist</u>, <u>dann ist</u> R/K_R <u>ein Gorensteinring mit</u> $\dim R/K_R = \dim R - 1$.

<u>Beweis:</u> K_R ist ein CM-Ideal, also nach 4.13 ein Ideal der Höhe ≤ 1. Da K_R nach 6.7 einen NNT enthält, ist die Höhe von K_R gleich 1. Es folgt,

da R ein CM-Ring ist, daß $\dim R/K_R = \dim R - 1$. Ferner ist nach 4.13 R/K_R ein CM-Ring. Es bleibt zu zeigen, daß $r(R/K_R) = 1$. Aus der exakten Sequenz

$$0 \to K_R \to R \to R/K_R \to 0$$

ergibt sich die lange exakte Sequenz

$$0 \to \mathrm{Hom}_R(R,K_R) \to \mathrm{Hom}_R(K_R,K_R) \to \mathrm{Ext}^1_R(R/K_R,K_R) \to \mathrm{Ext}^1_R(R,K_R) \to \dots$$

Nach 6.1, d) ist $\mathrm{Hom}_R(K_R,K_R) \cong R, \mathrm{Ext}^1_R(R/K_R,K_R) \neq 0$ und $\mathrm{Ext}^1_R(R,K_R) = 0$. Also ist nach 6.16 $r(R/K_R) = \mu(\mathrm{Ext}^1_R(R/K_R,K_R)) = 1$.

<u>Satz 6.14. Sei</u> $\phi : R \to S$ <u>ein flacher, lokaler Homomorphismus</u>. R <u>und</u> S <u>seien</u> CM-<u>Ringe und</u> K_R <u>existiere</u>. <u>Bezeichnet</u> k <u>den Restklassenkörper von</u> R, <u>dann sind die folgenden Aussagen äquivalent</u>:

a) $S \otimes_R k$ <u>ist ein Gorensteinring</u>.

b) K_S <u>existiert und es gilt</u> $K_S \cong K_R \otimes_R S$.

<u>Beweis:</u> b) $\to$ a) ergibt sich sofort aus der Formel

$$r(K_R \otimes_R S) = r(K_R) \cdot r(S \otimes_R k), \text{ vgl. } 1.24.$$

a) $\to$ b): Wir zeigen, daß eine maximale S-reguläre Folge $\underline{x}$ existiert mit $K_R \otimes_R S/(\underline{x})K_R \otimes_R S \cong I_{S/(\underline{x})}(\ell)$, wobei ℓ den Restklassenkörper von S, bzw. $S/(\underline{x})$, bezeichnet. Es folgt dann, daß

$\dim_\ell \mathrm{Ext}^i_S(\ell, K_R \otimes_R S) = \delta_{im}$, $m = \dim S$, und hieraus nach 6.1, c) die Behauptung.

Sei $\underline{x}'$ eine maximale R-reguläre Folge, dann ist $\underline{x}'$ auch eine maximale K_R-reguläre Folge und, da S R-flach ist, auch eine S-reguläre Folge. Setzen wir $R' = R/(\underline{x}')$, $S' = S/(\underline{x}')S$, dann ergibt sich aus 6.3 und der Flachheit von S

$$K_R \otimes_R S/(\underline{x}')K_R \otimes_R S \cong K_{R'} \otimes_{R'} S'.$$

Ferner ist der durch ϕ induzierte Homomorphismus $R' \to S'$ flach und $S' \otimes_{R'} k \cong S \otimes_R k$.

Sei nun $\underline{x}''$ eine maximale $S' \otimes_{R'} k$-reguläre Folge. Nach 1.23 ist $\underline{x}''$ auch eine S'-reguläre Folge. Wir setzen $\underline{x} = \underline{x}' \cup \underline{x}''$, $S'' = S'/(\underline{x}'')S'$. $\underline{x}$ ist sowohl eine maximale S-reguläre als auch eine maximale $K_R \otimes_R S$-reguläre Folge und es gilt

$$K_R \otimes_R S/(\underline{x})K_R \otimes_R S \cong K_{R'} \otimes_{R'} S''.$$

Der durch $R' \to S'$ induzierte Homomorphismus $R' \to S''$ ist flach und $S'' \otimes_{R'} k$ ist ein Gorensteinring, wie sich aus 1.40, a) und den folgenden Isomorphismen ergibt:

$$S \otimes_R k/(\underline{x}'')S \otimes_R k \cong S' \otimes_{R'} k/(\underline{x}'')S' \otimes_{R'} k \cong S'' \otimes_{R'} k.$$

Beachtet man, daß nach 6.4 $K_{R'} \cong I_{R'}(k)$, dann ergibt sich die Behauptung aus dem folgenden Lemma.

<u>Lemma 6.15.</u> R <u>und</u> S <u>seien</u> O-<u>dimensionale lokale Ringe mit Restklassenkörper</u> k <u>bzw.</u> ℓ, $R \to S$ <u>sei ein flacher, lokaler Homomorphismus und</u> $S \otimes_R k$ <u>ein Gorensteinring, dann gilt</u>

$$I_R(k) \otimes_R S \cong I_S(\ell)$$

<u>Beweis:</u> Da $k \cong \mathrm{Hom}_R(k, I_R(k))$, folgt $r(I_R(k)) = 1$. Nach Voraussetzung ist $r(S \otimes_R k) = 1$. Daher folgt aus 1.24 $r(I_R(k) \otimes_R S) = 1$. $I_S(\ell)$ ist kanonischer Modul von S, vgl. 6.4, daher ist nach 6.10 $\mathrm{Hom}_S(I_R(k) \otimes_R S,\ I_S(\ell)) \cong S/\mathfrak{a}$, wobei $\mathfrak{a}$ ein Ideal von S ist. Aus der Matlis-Dualität, 1.35, folgt nun

$$I_R(k) \otimes_R S \cong \mathrm{Hom}_S(S/\mathfrak{a}, I_S(\ell)) \cong \{x \in I_S(\ell) \mid x\mathfrak{a} = 0\}.$$

$I_R(k) \otimes_R S$ kann daher mit einem Untermodul von $I_S(\ell)$ identifiziert werden. Wir zeigen nun, daß beide Moduln dieselbe Länge besitzen, also isomorph sind. Dabei benutzen wir die Längenformel $\ell_S(M \otimes_R S) = \ell_R(M)\ell_S(S \otimes_R k)$, M ein endlich erzeugter R-Modul. Man beweist diese Formel durch Induktion nach der Länge von M unter Berücksichtigung der Flachheit von S.

Nach 1.37 ist $\ell_R(I_R(k)) = \ell_R(R)$ und $\ell_S(I_S(\ell)) = \ell_S(S)$. Es folgt $\ell_S(I_R(k) \otimes_R S) = \ell_S(S \otimes_R k)\ell_R(I_R(k)) = \ell_S(S \otimes_R k)\ell_R(R) = \ell_S(S) = \ell_S(I_S(\ell))$, q.e.d.

<u>Satz 6.16. Sei</u> R <u>ein</u> CM-<u>Ring</u>, M <u>ein</u> CM-<u>Modul</u> <u>und</u> $\mathfrak{q} \in$ Supp(M). <u>Dann gilt</u>

$$r(M_{\mathfrak{q}}) \leq r(M).$$

<u>Beweis:</u> Sei $\mathfrak{q} \in$ Supp(M), d = dim R - dim M. Aus 1.13 folgt, daß $R_{\mathfrak{q}}$ ein CM-Ring und der $R_{\mathfrak{q}}$-Modul $M_{\mathfrak{q}}$ ein CM-Modul ist. Ferner gilt wegen 1.14 und 1.15 $\dim R_{\mathfrak{q}} - \dim M_{\mathfrak{q}} = \dim R - \dim R/\mathfrak{q} - \dim M + \dim M/\mathfrak{q}M$ $= \dim R - \dim M = d$.

Ist R komplett, dann existiert nach 5.2 der kanonische Modul und es ergibt sich zusammen mit 6.2 und 6.9

$$r(M_{\mathfrak{q}}) = \mu(\mathrm{Ext}^d_{R_{\mathfrak{q}}}(M_{\mathfrak{q}},K_{R_{\mathfrak{q}}})) = \mu(\mathrm{Ext}^d_R(M,K_R)_{\mathfrak{q}})$$

$$\leq \mu(\mathrm{Ext}^d_R(M,K_R)) = r(M).$$

Sei nun R nicht notwendigerweise komplett, $\hat{R}$ die Komplettierung von R und $\mathfrak{p} \in \mathrm{Ass}(\hat{R}/\mathfrak{q}\hat{R})$. Wir erhalten einen flachen, lokalen Homomorphismus $R_{\mathfrak{q}} \to \hat{R}_{\mathfrak{p}}$, dessen Faser $\hat{R}_{\mathfrak{p}}/\mathfrak{q}\hat{R}_{\mathfrak{p}}$ 0-dimensional ist, vgl. 1.19. Es folgt nun aus 1.24, 1.22, c) und der oben bewiesenen Ungleichung
$r(M_{\mathfrak{q}}) \leq r(\hat{M}_{\mathfrak{p}}) \leq r(\hat{M}) = r(M)$, q.e.d.

Sei R ein CM-Ring und M ein CM-Modul. Für alle ganzen Zahlen $s \geq 1$ setzen wir

$$CM_s(M) = \{\mathfrak{q} \in \mathrm{Supp}(M)/r(M_{\mathfrak{q}}) \geq s\}$$

Offenbar gelten folgende Inklusionen

$$\mathrm{Supp}(M) = CM_1(M) \supseteq CM_2(M) \supseteq \ldots.$$

und es ist $CM_s(M) = \phi$, genau dann, wenn $s > r(M)$. Daß die Inklusionen nicht echt zu sein brauchen, zeigt das Beispiel des Segre-Kegels, (1.25). Falls K_R existiert, dann ist $CM_s(M)$ für alle s eine abgeschlossene Teilmenge von Spek(R). Dies folgt aus der Gleichung $r(M_{\mathfrak{q}}) = \mu(\mathrm{Ext}^d_R(M,K_R)_{\mathfrak{q}})$ und bekannten Sätzen über die Minimalzahl der Erzeugenden eines Moduls.
Wir wollen $CM_s(M)$ genauer beschreiben:
Es sei R ein lokaler Ring und M ein endlich erzeugter R-Modul. Sie s-te äußere Potenz von M bezeichnen wir wie üblich mit $\Lambda^s M$.

Wir benötigen folgende Regeln:

1) $(\Lambda^s M)_{\mathfrak{p}} \cong \Lambda^s M_{\mathfrak{p}}$ für alle $\mathfrak{p} \in \mathrm{Spek}(R)$

2) $\Lambda^s M = 0$, genau dann, wenn $s > \mu(M)$.

Die Regel 1) folgt leicht aus der universellen Eigenschaft der äußeren Potenz eines Moduls. Zum Beweis der Regel 2) muß man sich nur überlegen, daß $\Lambda^s M \neq 0$ für $s = \mu(M)$. Der Rest folgt unmittelbar aus der Definition der äußeren Potenz eines Moduls. Sei also $s = \mu(M)$, $\mathfrak{m}$ das maximale Ideal von R, k der Restklassenkörper von R und $\bar{M} = M/\mathfrak{m}M$.
Nach dem Lemma von Nakayama ist $\bar{M}$ ein k-Vektorraum der Dimension s.
Es folgt $\Lambda_k^s \bar{M} \neq 0$. Da $\Lambda_k^s \bar{M}$ in natürlicher Weise epimorphes Bild von $\Lambda_R^s M$ ist, folgt daß auch $\Lambda_R^s M \neq 0$.

Satz 6.17. Sei R ein CM-Ring und M ein CM-Modul. Der kanonische Modul von R existiere. Ist $d = \dim R - \dim M$, dann gilt:

$$CM_s(M) = \mathrm{Supp}\, \Lambda^s \mathrm{Ext}^d(M,K_R) = \{\mathfrak{p} \in \mathrm{Spek}(R) \,|\, \mathfrak{p} \supseteq \mathrm{Ann}\Lambda^s \mathrm{Ext}^d(M,K_R)\}$$

Beweis: Der Beweis ergibt sich aus der Äquivalenz der folgenden Aussagen:

(a) $\mathfrak{p} \in \mathrm{Supp}\, \Lambda^s \mathrm{Ext}^d(M,K_R)$.

(b) $\Lambda^s(\mathrm{Ext}^d(M,K_R))_{\mathfrak{p}} \neq 0$, (Regel 1).

(c) $s \leq \mu(\mathrm{Ext}^d(M,K_R)_{\mathfrak{p}})$, (Regel 2).

(d) $s \leq r(M_{\mathfrak{p}})$, 6.10.

Korollar 6.18. Sei R ein CM-Ring. Der kanonische Modul von R existiere, dann gilt: $CM_s(R) = \mathrm{Supp}\, \Lambda^s K_R$.

Bemerkung: Aus 6.1, e) folgt, daß $\mathrm{Ext}^d(M,K_R)$ unter den Voraussetzungen von 6.17 ein CM-Modul ist. Es stellt sich die Frage, ob die äußeren Potenzen eines CM-Moduls wieder CM-Moduln sind. Dies hätte zur Folge, daß die abgeschlossenen Mengen $CM_s(M)$ äquidimensional sind.

Der abgeschlossene Ort $CM_2(R)$ der Punkte $\mathfrak{p} \in \mathrm{Spek}(R)$, für die $R_{\mathfrak{p}}$ kein Gorensteinring ist, läßt sich auch noch anders beschreiben:

Sei $\mathfrak{g}_R$ das Ideal, das erzeugt wird von den Elementen

$\phi(x)$, $x \in K_R, \phi \in \mathrm{Hom}_R(K_R,R)$.

Offenbar hängt $\mathfrak{G}_R$ nicht ab von der speziellen Wahl von K_R. Man überlegt sich leicht, daß für alle $\mathfrak{p} \in \text{Spek}(R)$ gilt $\mathfrak{G}_{R_\mathfrak{p}} = \mathfrak{G}_R R_\mathfrak{p}$. Ferner ist $\mathfrak{G}_R = K_R K_R^{-1}$, falls K_R ein Ideal ist. Denn falls dim R = O und K_R ein Ideal ist, dann ist K_R = R und die Behauptung ist trivial. Falls dim R > O und K_R ein Ideal ist, dann enthält K_R nach 6.7, c) einen NNT und $\text{Hom}_R(K_R,R)$ kann mit K_R^{-1} identifiziert werden.

Lemma 6.19. $CM_2(R) = \{\mathfrak{p} \in \text{Spek}(R) \mid \mathfrak{p} \supseteq \mathfrak{G}_R\}$

Beweis: Falls $\mathfrak{p} \not\supseteq \mathfrak{G}_R$, dann existieren Elemente $x \in K_R$, $\phi \in \text{Hom}_R(K_R,R)$ mit $\phi(x) \notin \mathfrak{p}$. Hieraus ergibt sich, daß der durch ϕ induzierte Homomorphismus $\tilde{\phi} \in \text{Hom}_{R_\mathfrak{p}}(K_{R_\mathfrak{p}},R_\mathfrak{p})$ ein Epimorphismus ist. Wir erhalten daher eine exakte Sequenz

$$K_{R_\mathfrak{p}} \xrightarrow{\tilde{\phi}} R_\mathfrak{p} \longrightarrow 0$$

und hieraus $0 \to \text{Hom}_{R_\mathfrak{p}}(R_\mathfrak{p},K_{R_\mathfrak{p}}) \to \text{Hom}_{R_\mathfrak{p}}(K_{R_\mathfrak{p}},K_{R_\mathfrak{p}})$, also die exakte Sequenz

(*) $\qquad 0 \to K_{R_\mathfrak{p}} \to R_\mathfrak{p}, \qquad$ vgl. 6.1, d), 3).

(*) besagt, daß $K_{R_\mathfrak{p}}$ ein Ideal ist. Falls dim R = O folgt $K_{R_\mathfrak{p}} \cong R_\mathfrak{p}$. Falls dim R > O, dann enthält $K_{R_\mathfrak{p}}$ wegen 6.7, c) einen NNT und der Epimorphismus $\tilde{\phi}$ muß ein Isomorphismus sein. In jedem Fall ist daher $K_{R_\mathfrak{p}} \cong R_\mathfrak{p}$. Also ist $R_\mathfrak{p}$ ein Gorensteinring.
Gilt umgekehrt $\mathfrak{p} \supseteq \mathfrak{G}_R$, dann folgt $\mathfrak{p}R_\mathfrak{p} \supseteq \mathfrak{G}_R R_\mathfrak{p} = \mathfrak{G}_{R_\mathfrak{p}}$. In diesem Fall kann $R_\mathfrak{p}$ kein Gorensteinring sein, da sonst $\mathfrak{G}_{R_\mathfrak{p}} = R_\mathfrak{p}$.

Korollar 6.20. Folgende Aussagen sind äquivalent:

a) R ist ein Gorensteinring.

b) $\mathfrak{G}_R = R$.

Bemerkung: 6.20 entspricht dem analogen Ergebnis 3.6 für das kanonische Ideal.
Im folgenden Beispiel wird gezeigt, daß $\mathfrak{G}_R$ im allgemeinen nicht mit seinem Radikal übereinstimmt:

Sei $R = k[[t^4,t^6,t^7,t^9]]$. Man rechnet leicht nach, daß $\mathfrak{G}_R = (t^6,t^7,t^9)$, also $\mathfrak{G}_R \neq (t^4,t^6,t^7,t^9) = \text{rad}\,\mathfrak{G}_R$.

Als eine Anwendung von 6.16 beweisen wir noch

Satz 6.21. Sei R *ein eindimensionaler, lokaler* CM-*Ring. Dann sind folgende Aussagen äquivalent:*

a) *Das kanonische Ideal existiert.*

b) *Für alle minimalen Primideale* $\mathfrak{p}$ *der Komplettierung* $\hat{R}$ *von* R *ist* $\hat{R}_{\mathfrak{p}}$ *ein Gorensteinring.*

Beweis: Wegen Lemma 2.16 dürfen wir von vornherein annehmen, daß R komplett ist.

a) → b): Sei $\mathfrak{k}$ kanonisches Ideal von R, $\mathfrak{m}$ das maximale Ideal von R, $k = R/\mathfrak{m}$ der Restklassenkörper und $t \in \mathfrak{m}$ ein NNT. Dann ist $\mathrm{Hom}_R(k, \mathfrak{k}/t\mathfrak{k}) \cong (t\mathfrak{k}:\mathfrak{m}) \cap \mathfrak{k}/t\mathfrak{k}$. Da offenbar $t\mathfrak{k}:\mathfrak{m} \subseteq \mathfrak{k}$, ergibt sich $\mathrm{Hom}_R(k, \mathfrak{k}/t\mathfrak{k}) \cong t\mathfrak{k}:\mathfrak{m}/t\mathfrak{k} \cong \mathfrak{k}:\mathfrak{m}/\mathfrak{k}$. Aus 3.3 c) folgt somit, daß $\dim_k \mathrm{Hom}_R(k, \mathfrak{k}/t\mathfrak{k}) = 1$. Also ist $r(\mathfrak{k}) = 1$. Sei nun $\mathfrak{p}$ ein minimales Primideal von R. Aus 6.16 folgt $r(\mathfrak{k}R_{\mathfrak{p}}) = r(\mathfrak{k}) = 1$. Da $\mathfrak{k}$ einen NNT aus enthält, ist $\mathfrak{k}R_{\mathfrak{p}} = R_{\mathfrak{p}}$, also $r(R_{\mathfrak{p}}) = 1$.

b) → a): Da R komplett ist, besitzt R einen kanonischen Modul K_R. Nach 6.7 ist K_R ein Ideal. Aus den Bemerkungen im Anschluß von 6.7 ergibt sich, daß K_R kanonisches Ideal ist.

7. Vortrag: E. Kunz

Komplementärmodul und kanonischer Modul

Wir untersuchen zuerst den Dedekindschen Komplementärmodul für gewisse Ringerweiterungen und beweisen für ihn einige Eigenschaften, wie sie im 6. Vortrag für den kanonischen Modul gezeigt wurden. Tatsächlich stellt sich heraus, daß man den Komplementärmodul mit dem kanonischen Modul identifizieren kann, die erwähnten Eigenschaften ergeben sich aber für den Komplementärmodul auch sehr elementar auf direktem Weg.

Im weiteren Verlauf des Vortrags studieren wir einige Eigenschaften des kanonischen Moduls, wobei der Zusammenhang mit dem Komplementärmodul eine Rolle spielt.

1. Frobenius-Algebren

K sei ein Körper, A eine endlichdimensionale, kommutative K-Algebra. Wir betrachten den A-Modul $\mathrm{Hom}_K(A,K)$.

Satz 7.1. Für jedes Ideal $\mathfrak{a}$ von A ist

$$\dim_K(\mathfrak{a}\cdot \mathrm{Hom}_K(A,K)) = \dim_K(A/0:\mathfrak{a}),$$

wobei $0 : \mathfrak{a} = \{a \in A \mid a\mathfrak{a} = 0\}$.

Beweis: Für $\mathfrak{a} = (0)$ ist die Behauptung richtig. Sie sei für ein Ideal $\mathfrak{a}$ schon bewiesen und es sei $a \in A$, $a \notin \mathfrak{a}$. Wenn wir die Behauptung für $\mathfrak{a}' = (\mathfrak{a},a)$ bewiesen haben, dann folgt der Satz durch Induktion nach der Zahl der Erzeugenden von $\mathfrak{a}$.
Wir schreiben $A = V \oplus (0:\mathfrak{a})$ mit einem K-Vektorraum $V \subsetneqq A$. Es ist $r := \dim_K V = \dim_K(A/0:\mathfrak{a})$ und es gibt nach Induktionsvoraussetzung r K-linear unabhängige Linearformen

$$a_1\ell_1,\dots,a_r\ell_r \qquad (\ell_i \in \mathrm{Hom}_K(A,K), a_i \in \mathfrak{a}).$$

Wir schreiben ferner

$$0 : \mathfrak{a} = Kw_1 \oplus \dots \oplus Kw_s \oplus (0 : \mathfrak{a}') \qquad (w_1,\dots,w_s \in 0:\mathfrak{a}).$$

Dann sind die Elemente $a\,w_1,\ldots,a\,w_s$ K-linear unabhängig, denn aus einer Relation

$$\sum_{i=1}^{s} \varkappa_i(a\,w_i) = 0 \qquad (\varkappa_i \in K)$$

folgt $a \sum_{i=1}^{s} \varkappa_i w_i = 0$, also $\sum_{i=1}^{s} \varkappa_i w_i \in 0 : \mathfrak{A}'$ und folglich $\varkappa_i = 0 (i=1,\ldots,s)$.

Es gibt somit Linearformen $\ell_1',\ldots,\ell_s' \in \mathrm{Hom}_K(A,K)$

mit $$\ell_i'(a\,w_j) = \delta_{ij} \qquad (i,j=1,\ldots,s).$$

Wir zeigen, daß $a_1\ell_1,\ldots,a_r\ell_r,a\ell_1',\ldots,a\ell_s'$ K-linear unabhängig sind, woraus

$$\dim_K(\mathfrak{A}'\mathrm{Hom}_K(A,K)) \geq r + s = \dim_K(A/0:\mathfrak{A}')$$

folgt.

Angenommen

$$\ell := \sum_{i=1}^{r} \varkappa_i a_i \ell_i + \sum_{i=1}^{s} \lambda_i a \ell_i' = 0 \qquad (\varkappa_i,\lambda_i \in K).$$

Dann ist zunächst $\lambda_j = \ell(w_j) = 0 (j=1,\ldots,s)$ und, weil die $a_i\ell_i$ linear unabhängig sind, auch $\varkappa_i = 0 (i=1,\ldots,r)$.

Ist nun $\ell \in \mathfrak{A}'\mathrm{Hom}_K(A,K)$, so ist $\ell(0:\mathfrak{A}') = 0$.
Deshalb muß auch

$$\dim_K(\mathfrak{A}'\mathrm{Hom}_K(A,K)) \leq \dim_K(A/0:\mathfrak{A}')$$

gelten und der Satz ist bewiesen.

Korollar 7.2. A sei eine lokale K-Algebra und r(A) die Dimension des Sockels von A über dem Restklassenkörper von A. Dann gilt für die Minimalzahl μ der Erzeugenden des A-Moduls $\mathrm{Hom}_K(A,K)$:

$$\mu(\mathrm{Hom}_K(A,K)) = r(A).$$

Beweis: $\mathfrak{m}$ sei das maximale Ideal von A und $L = A/\mathfrak{m}$. Nach dem Lemma von Nakayama ist

$$\mu(\mathrm{Hom}_K(A,K)) = \dim_L(\mathrm{Hom}(A,K)/\mathfrak{m}\mathrm{Hom}(A,K))$$

$$= [L:K]^{-1} \dim_K(\mathrm{Hom}(A,K)/\mathfrak{m}\mathrm{Hom}(A,K))$$

und nach 7.1 gilt

$$\dim_K(\mathrm{Hom}(A,K)|\mathfrak{m}\mathrm{Hom}(A,K)) = \dim_K(0:\mathfrak{m}) = [L:K]\cdot r(A).$$

Korollar 7.3. Ist A eine lokale K-Algebra, so sind folgende Aussagen äquivalent:

a) A ist ein Gorensteinring.

b) $\mathrm{Hom}_K(A,K) \cong A$ (als A-Modul).

Dies folgt unmittelbar aus 7.2 und $\dim_K(\mathrm{Hom}(A,K)) = \dim_K A$.

Definition. Eine endlichdimensionale kommutative K-Algebra A heißt Frobenius-Algebra, wenn

$$\mathrm{Hom}_K(A,K) \cong A \qquad \text{(als A-Modul)}.$$

Wir verallgemeinern Korollar 7.3:

Korollar 7.4. $\mathfrak{m}_1,\ldots,\mathfrak{m}_t$ seien die maximalen Ideale von A. Dann sind folgende Aussagen äquivalent:

a) A ist eine Frobenius-Algebra.

b) $A_{\mathfrak{m}_i}$ ist ein Gorensteinring für $i = 1,\ldots,t$.

Beweis: Bekanntlich ist die kanonische Abbildung

$$(1) \qquad A \longrightarrow \bigoplus_{i=1}^{t} A_{\mathfrak{m}_i}$$

$$a \longmapsto \left(\frac{a}{1},\ldots,\frac{a}{1}\right)$$

ein Ringisomorphismus. Die $A_{\mathfrak{m}_i}$ sind als homomorphe Bilder von A selbst endlichdimensionale K-Algebren.
Aus (1) ergibt sich ein Isomorphismus von A-Moduln

$$(2) \qquad \mathrm{Hom}_K(A,K) \longrightarrow \bigoplus_{i=1}^{t} \mathrm{Hom}_A(A_{\mathfrak{m}_i},K)$$

$$\ell \longmapsto (\ell|A_{\mathfrak{m}_1},\ldots,\ell|A_{\mathfrak{m}_t})$$

und es gilt $\mathrm{Hom}_K(A,K) \cong A$ genau dann, wenn $\mathrm{Hom}_K(A_{\mathfrak{m}_i},K)\cong A_{\mathfrak{m}_i}$ $(i=1,\ldots,t)$.
Die Behauptung folgt nun aus Korollar 7.3.

Ist A eine Frobeniusalgebra über K, dann gibt es eine K-lineare Abbildung $\sigma : A \to K$, so daß

(3) $$\operatorname{Hom}_K(A,K) = A\sigma.$$

Zwei solche σ unterscheiden sich nur um eine Einheit aus A.

Definition 7.5. Unter einer Spur $\sigma : A \to K$ verstehen wir eine K-lineare Abbildung mit der Eigenschaft (3).

2. Noethersche Normalisierung und Komplementärmodul

R sei ein noetherscher lokaler Ring.

Definition 7.6. Unter einer Noetherschen Normalisierung von R verstehen wir eine lokale Injektion $P \to R$, wobei P ein regulärer lokaler Ring mit dim P = dim R ist, für den es einen Ring S mit $P \subseteq S \subseteq R$ gibt, so daß S endlicher P-Modul ist und $R = S_{\mathfrak{m}}$ mit einem maximalen Ideal $\mathfrak{m}$ von S.

Es ist bekannt, daß sehr viele Ringe R eine Noethersche Normalisierung $P \to R$ besitzen, wobei sogar R endlicher P-Modul ist, z.B. alle kompletten lokalen Ringe R, deren Charakteristik nicht eine Primzahlpotenz $p^n (n \geq 2)$ ist.

Satz 7.7. R sei ein noetherscher lokaler Ring mit folgenden Eigenschaften:

a) R besitzt eine Noethersche Normalisierung $P \to R$.

b) R ist äquidimensional (d.h. für alle $\mathfrak{p} \in \operatorname{Ass}(R)$ ist $\dim R/\mathfrak{p} = \dim R$).

c) Für alle $\mathfrak{p} \in \operatorname{Ass}(R)$ ist $R_{\mathfrak{p}}$ ein Gorensteinring.

Es sei K der Quotientenkörper von P und A der volle Quotientenring Q(R) von R. Dann gilt:

A ist eine Frobenius-Algebra über K.

Beweis: 1) A ist eine K-Algebra.
Es sei $\xi \neq 0$ ein Element aus dem maximalen Ideal von P. Unter den Voraussetzungen von 7.7 ist $\dim R/\xi R \leq \dim P/(\xi) = \dim P-1 = \dim R-1$. Da R äquidimensional ist, kann ξ kein Nullteiler von R sein. Die Injektion $P \to R$ induziert daher eine Injektion $K = Q(P) \to Q(R) = A$, durch die A zur K-Algebra wird.

2) A ist eine endlichdimensionale K-Algebra.
Ist S ein Ring mit den in 7.6 angegebenen Eigenschaften, dann ist
$A = Q(R) = Q(S)$.
Es sei nun s ein NNT von S. s genügt einer Gleichung niedrigsten Grades

$$s^n + \rho_{n-1}s^{n-1} + \ldots + \rho_o = o \quad (\rho_i \varepsilon P).$$

Wegen der Minimalität von n und weil s ein NNT von S ist, folgt
$\rho_o \neq o, \rho_o \varepsilon (S) \cap P$.

Ist nun $\frac{s_1}{s} \varepsilon Q(S)$ mit $s_1, s \varepsilon S$, s NNT von S, dann gibt es ein $s' \varepsilon S$, so daß $\rho := ss' \varepsilon (s) \cap P$ ist.

Es folgt $\frac{s_1}{s} = \frac{s's_1}{s's} = \frac{s's_1}{\rho} \varepsilon S \otimes_P Q(P)$. Somit ist

$$A = Q(S) \cong S \otimes_P K$$

und A ist eine endlichdimensionale K-Algebra.

3) A ist eine Frobenius Algebra.
Da R keine eingebetteten Komponenten besitzt, entsprechen die maximalen Ideale $\mathfrak{M}_i$ von A den $\mathfrak{p}_i \varepsilon Ass(R)$:

$$\mathfrak{M}_i = \mathfrak{p}_i A, A_{\mathfrak{M}_i} = R_{\mathfrak{p}_i}.$$

Aus der Voraussetzung c) des Satzes und aus 7.4 folgt nun, daß A eine Frobeniusalgebra über K ist.

Unter den Voraussetzungen von Satz 7.7 sei

$$\sigma : Q(R) \to K$$

eine Spur und S ein Ring mit $P \subseteq S \subseteq R$, wobei S endlicher P-Modul und $R = S_{\mathfrak{M}}$ für ein maximales Ideal $\mathfrak{M}$ von S ist. Wir setzen

$$\mathcal{L}^{\sigma}_{S/P} := \{x \varepsilon Q(R) \mid \sigma(xS) \subseteq P\}.$$

<u>Lemma 7.8. Ist</u> S' <u>ein weiterer Ring mit denselben Eigenschaften wie</u> S, <u>dann ist</u>

$$R \cdot \mathcal{L}^{\sigma}_{S/P} = R \cdot \mathcal{L}^{\sigma}_{S'/P}.$$

Beweis: Ist S'' = (S,S') das Ringkompositum von S und S', dann hat S'' die gleichen Eigenschaften wie S und S' und wir dürfen daher für den Beweis des Lemmas $S \subseteq S'$ annehmen. Dann ist offensichtlich $\mathcal{L}^{\sigma}_{S'/P} \subseteq \mathcal{L}^{\sigma}_{S/P}$.

Da S' endlicher S-Modul ist, gibt es ein $s \in S$, $s \notin \mathfrak{M}$ mit $sS' \subseteq S$. Ist nun $x \in \mathcal{L}^{\sigma}_{S/P}$, dann ist

$$\sigma(sx\, S') = \sigma(x \cdot sS') \subseteq \sigma(xS) \subseteq P,$$

also $sx \in \mathcal{L}^{\sigma}_{S'/P}$. Es folgt

$$s\mathcal{L}^{\sigma}_{S/P} \subseteq \mathcal{L}^{\sigma}_{S'/P} \subseteq \mathcal{L}^{\sigma}_{S/P}$$

und nach Multiplikation mit R ergibt sich die Behauptung.

Definition 7.9. $\mathcal{L}^{\sigma}_{R/P} := R \cdot \mathcal{L}^{\sigma}_{S/P}$ heißt der Komplementärmodul von R über P bzgl. σ.

Im Fall, daß R ein Integritätsbereich ist und Q(R) eine separabel algebraische Erweiterung von Q(P) spricht man vom Dedekindschen Komplementärmodul, wenn $\sigma : Q(R) \to Q(P)$ die kanonische Spur ist, d.h. die Abbildung, die jedem x die Spur der Multiplikationsabbildung $\mu_x : Q(R) \to Q(R)$ in Q(P) zuordnet.

Lemma 7.10. Unter den Voraussetzungen von 7.7 sei S ein Ring mit $P \subseteq S \subseteq R$, so daß S endlicher P-Modul ist und $R = S_{\mathfrak{M}}$ für ein maximales Ideal $\mathfrak{M}$ von S. Für jede Spur $\sigma : Q(R) \to Q(P)$ hat man dann einen R-Modul-Isomorphismus

$$\mathcal{L}^{\sigma}_{R/P} \cong R \otimes_S \mathrm{Hom}_P(S,P).$$

Speziell ist $\mathcal{L}^{\sigma}_{R/P}$ ein endlich erzeugter R-Modul, also ein gebrochenes R-Ideal. $\mathcal{L}^{\sigma}_{R/P}$ enthält eine Einheit von Q(R).

Beweis: Jedes $\ell \in \mathrm{Hom}_P(S,P)$ besitzt eine eindeutig bestimmte Fortsetzung $\bar{\ell}$ zu einer Q(P)-linearen Abbildung $\bar{\ell} : Q(S) \to Q(P)$, d.h. man hat eine injektive Abbildung

$$\mathrm{Hom}_P(S,P) \longrightarrow \mathrm{Hom}_{Q(P)}(Q(S),Q(P)).$$

$$\ell \longmapsto \bar{\ell}$$

Da $Q(S) = Q(R)$ ist, hat man somit eine Injektion

$$i : \mathrm{Hom}_P(S,P) \to Q(R)\sigma \; (= \mathrm{Hom}_{Q(P)}(Q(R),Q(P))).$$

Ist $\overline{\ell} = i(\ell) = x\sigma$ mit $x \in Q(R)$, dann ist $x\sigma_{|S} = \ell$, folglich $\sigma(xS) \subseteq P$ und $x \in \mathcal{L}^{\sigma}_{S/P}$.

Ist umgekehrt $x \in \mathcal{L}^{\sigma}_{S/P}$ gegeben, dann ist $x\sigma_{|S} \in i(\mathrm{Hom}_P(S,P))$. Es folgt, daß i ein Isomorphismus von $\mathrm{Hom}_P(S,P)$ auf $\mathcal{L}^{\sigma}_{S/P}$ ist. i induziert einen Isomorphismus

$$R \underset{S}{\otimes} \mathrm{Hom}_P(S,P) \cong R \underset{S}{\otimes} \mathcal{L}^{\sigma}_{S/P} \cong \mathcal{L}^{\sigma}_{R/P}.$$

Aus $Q(R) \underset{R}{\otimes} \mathcal{L}^{\sigma}_{R/P} \cong Q(R)$ folgt schließlich, daß $\mathcal{L}^{\sigma}_{R/P}$ eine Einheit aus $Q(R)$ enthält.

<u>Satz 7.11.</u> R <u>sei ein</u> CM-<u>Ring mit folgenden Eigenschaften</u>:

a) <u>Es existiert eine Noethersche Normalisierung</u> $P \to R$.

b) <u>Für alle</u> $\mathfrak{p} \in \mathrm{Ass}(R)$ <u>ist</u> $R_{\mathfrak{p}}$ <u>ein Gorensteinring</u>.

<u>Dann gilt für jede Spur</u> $\sigma : Q(R) \to Q(P)$

$$\mu(\mathcal{L}^{\sigma}_{R/P}) = r(R).$$

<u>Beweis:</u> Da ein CM-Ring äquidimensional ist, sind alle Voraussetzungen von 7.7 erfüllt. Die Komplettierung des R-Moduls $R \underset{S}{\otimes} \mathrm{Hom}_P(S,P) \cong \mathcal{L}^{\sigma}_{R/P}$ stimmt überein mit $\mathrm{Hom}_{\hat{P}}(\hat{R},\hat{P})$ (vgl. 5.17). Wir dürfen daher annehmen, daß P und R komplett sind. Dann ist R sogar ein endlicher P-Modul. Weil R CM-Ring ist und P regulär, ist R sogar ein freier P-Modul (vgl. 1.18).

Es sei $\mathfrak{m}$ das maximale Ideal von P und $k = P/\mathfrak{m}$. Aus der exakten Folge $0 \to \mathfrak{m} \to P \to k \to 0$ erhält man die exakte Folge

$$0 \to \mathrm{Hom}_P(R,\mathfrak{m}) \to \mathrm{Hom}_P(R,P) \to \mathrm{Hom}_P(R,k) \to 0.$$

Ferner ist $\mathrm{Hom}_P(R,\mathfrak{m}) = \mathfrak{m} \cdot \mathrm{Hom}_P(R,P)$, ebenfalls, weil R freier P-Modul ist. Nach dem Lemma von Nakayama ist

$$\mu(\mathrm{Hom}_P(R,P)) = \mu(\mathrm{Hom}_P(R,k)) = \mu(\mathrm{Hom}_k(R/\mathfrak{m}R,k)).$$

Nach 7.2 ist $\mu(\mathrm{Hom}_k(R/\mathfrak{n}R,k)) = r(R/\mathfrak{n}R)$.
Da $\mathfrak{n}R$ von einer maximalen R-regulären Folge erzeugt wird, ist schließlich $r(R/\mathfrak{n}R) = r(R)$, q.e.d.

<u>Korollar 7.12. Unter den Voraussetzungen von 7.11 ist</u> R <u>Gorensteinring genau dann, wenn</u> $\mathfrak{L}^{\sigma}_{R/P}$ <u>ein gebrochenes Hauptideal ist.</u>

Unter den Voraussetzungen von 7.7 sei S ein Ring mit $P \subsetneqq S \subsetneqq R$, der als P-Modul endlich erzeugt ist und für den $R = S_{\mathfrak{M}}$ mit einem maximalen Ideal $\mathfrak{M}$ von S gilt. $\sigma : Q(R) \to Q(P)$ sei eine Spur.

Die folgenden <u>Regeln</u> ergeben sich leicht aus den Definitionen:

<u>7.13.</u> Ist x eine Einheit in Q(R), so ist $\mathfrak{L}^{x\sigma}_{S/P} = x^{-1}\mathfrak{L}^{\sigma}_{S/P}$, insbesondere ist, wenn σ geeignet gewählt wird, $\mathfrak{L}^{\sigma}_{S/P} \subset S$ und $\mathfrak{L}^{\sigma}_{R/P} \subset R$ (echte Inklusion)

<u>7.14.</u> Ist N eine multiplikativ abgeschlossene Teilmenge von P, so ist $\mathfrak{L}^{\sigma}_{S_N/P_N} = S_N \cdot \mathfrak{L}^{\sigma}_{S/P}$.

<u>7.15.</u> Ist $\mathfrak{y} \in \mathrm{Spek}(P)$, so sei $S_{\mathfrak{y}}$ der Quotientenring von S mit der Nennermenge $N = P \setminus \mathfrak{y}$. Es gilt, wenn $\dim P \geq 1$ ist:

$$\mathfrak{L}^{\sigma}_{S/P} = \bigcap_{\substack{\mathfrak{y} \in \mathrm{Spek}(P) \\ h(\mathfrak{y})=1}} \mathfrak{L}^{\sigma}_{S_{\mathfrak{y}}/P_{\mathfrak{y}}}.$$

Hier hat man zu benutzen, daß $P = \bigcap_{\substack{\mathfrak{y} \in \mathrm{Spek}(P) \\ h(\mathfrak{y})=1}} P_{\mathfrak{y}}$.

Dies gilt, weil P als regulärer lokaler Ring normal ist.

Es sei jetzt $\dim P = \dim R \geq 1$ und $\mathfrak{L}^{\sigma}_{S/P} \subset S$. Nach 7.10 enthält $\mathfrak{L}^{\sigma}_{S/P}$ einen NNT von S. Nur für endlich viele $\mathfrak{y} \in \mathrm{Spek}(P)$ mit $h(\mathfrak{y}) = 1$ kann $\mathfrak{L}^{\sigma}_{S_{\mathfrak{y}}/P_{\mathfrak{y}}} \neq S$ sein. Es seien $\mathfrak{y}_1, \ldots, \mathfrak{y}_m$ diese Primideale. Dann folgt aus 7.15

$$\mathfrak{L}^{\sigma}_{S/P} = \bigcap_{i=1}^{m} (\mathfrak{L}^{\sigma}_{S_{\mathfrak{y}_i}/P_{\mathfrak{y}_i}} \cap S).$$

Für jedes $\mathfrak{p} \in \mathrm{Spek}(P)$ mit $h(\mathfrak{p}) = 1$ ist $S_{\mathfrak{p}}$ als ganze Erweiterung des diskreten Bewertungsrings $P_{\mathfrak{p}}$ ein semilokaler Ring der Dimension 1. Es folgt, daß in der Primärzerlegung von

$$\mathcal{L}^{\sigma}_{S_{\mathfrak{p}_i}/P_{\mathfrak{p}_i}} \cap S$$

nur Primärideale auftreten, die zu Primidealen der Höhe 1 von S gehören. Dasselbe gilt dann auch für $\mathcal{L}^{\sigma}_{S/P}$ und für $\mathcal{L}^{\sigma}_{R/P}$, falls $\mathcal{L}^{\sigma}_{R/P} \subset R$.

Es folgt daher

Satz 7.16. Unter den Voraussetzungen von 7.7 sei $\mathcal{L}^{\sigma}_{R/P} \subset R$. Ferner sei $\dim R \geq 1$. In der Primärzerlegung von $\mathcal{L}^{\sigma}_{R/P}$ treten nur Primärideale auf, die zu Primidealen der Höhe 1 von R gehören.

Korollar 7.17. Ist unter den Voraussetzungen von 7.7 der Ring R ein in seinem Quotientenkörper ganz abgeschlossener Integritätsbereich, so ist $\mathcal{L}^{\sigma}_{R/P}$ für jede Spur σ ein divisorielles gebrochenes R-Ideal.

Vgl. Bourbaki [6], § 1, insbesondere Prop. 10.

Satz 7.18. R sei ein CM-Ring.

a) Es existiere eine Noethersche Normalisierung $P \to R$ und R sei ZPE-Ring. Dann ist R ein Gorensteinring.
b) Ist $\hat{R}$ ein ZPE-Ring, dann ist R Gorensteinring.

Beweis: a) Nach 7.17 ist $x\mathcal{L}^{\sigma}_{R/P}$ für ein geeignetes $x \in Q(R)$ ein divisorielles Ideal von R. In einem ZPE-Ring sind solche Ideale Hauptideale, also ist $\mathcal{L}^{\sigma}_{R/P}$ ein Hauptideal und nach 7.12 ist R ein Gorensteinring.
b) Weil ein kompletter Integritätsbereich immer eine Noethersche Normalisierung besitzt, ist $\hat{R}$ ein Gorensteinring nach a), folglich auch R.

Bemerkung: Satz 7.18 wurde in ähnlicher Form von R. Kiehl bewiesen (unveröffentlicht). Ein weiterer Beweis wurde von Murthy [13] gegeben. Kiehl benutzte den kanonischen Modul und die lokale Dualitätstheorie, die beim obigen Beweis vermieden wurde.

Es sei R ein kommutativer Ring.

Definition. Zwei gebrochene R-Ideale heißen äquivalent, wenn sie als R-Moduln isomorph sind. Eine Isomorphieklasse von gebrochenen Idealen heißt eine Idealklasse von R.
Zwei gebrochene R-Ideale, die NNT von R enthalten, sind genau dann äquivalent, wenn sie durch Multiplikation mit einer Einheit aus Q(R) auseinander hervorgehen (vgl. 2.2).

Bemerkung 7.19. Unter den Voraussetzungen von 7.7 bilden die gebrochenen Ideale $\mathcal{L}^{\sigma}_{R/P}$, wenn σ die Spuren $\sigma : Q(R) \to Q(P)$ durchläuft, eine Idealklasse von R. Ist dim $R \geq 1$, so gilt für die in R enthaltenen Ideale aus dieser Klasse, daß in ihrer Primärzerlegung nur Primärideale der Höhe 1 auftreten.

Wir wenden uns nun dem kanonischen Modul zu. Auf Grund von 5.12 und 7.10 gilt:

Satz 7.20. Unter den Voraussetzungen von 7.7 existiert der kanonische Modul K_R von R und man hat für jede Spur $\sigma : Q(R) \to Q(P)$ einen Isomorphismus von R-Moduln

$$K_R \cong \mathcal{L}^{\sigma}_{R/P}.$$

Insbesondere ist K_R isomorph zu einem gebrochenen R-Ideal, das einen NNT von R enthält. Ist dim $R \geq 1$ und $K_R \cong I$, wobei I ein ganzes Ideal von R ist, so besitzt I nur Primärkomponenten der Höhe 1.

Korollar 7.21. Die Idealklasse von $\mathcal{L}^{\sigma}_{R/P}$ hängt weder von der Spur noch von der Noetherschen Normalisierung $P \to R$ ab.

In 6.7 wurde in einer etwas anderen Situation gezeigt, daß K_R isomorph zu einem gebrochenen R-Ideal ist, das einen NNT von R enthält.
Aus 7.20 und 7.11 ergibt sich ein Spezialfall von 6.10. 7.20 kann dazu verwendet werden, den kanonischen Modul in Spezialfällen explizit zu berechnen. Wir zeigen dies am Beispiel des "Segre-Kegels"
$R = k[\![X_1,\dots,X_n,Y_1,\dots,Y_n]\!]/(X_iY_j - X_jY_i)$.

Beispiel. Wir verwenden die Bezeichnungen von Beispiel 1.25 und setzen

$$u_i \;:= x_i - \kappa_i\, y_i \qquad (i=1,\dots,n)$$

$$u_{n+1} : \quad y_1 + \dots + y_n$$

und $P := k[\![u_1,\dots,u_{n+1}]\!]$. Da $u_1,\dots,u_{n+1}$ nach 1.25 eine maximale R-reguläre Folge ist, ist $P \subseteq R$ eine Noethersche Normalisierung von R und R ist als CM-Ring über dem regulären lokalen Ring P nach 1.18 ein freier Modul. Da nach 1.25

$$R/(u_1,\dots,u_{n+1}) \cong k[\![Y_1,\dots,Y_{n-1}]\!]/(Y_iY_j)_{i,j=1,\dots,n-1}$$

ist, bilden die Elemente $1,y_1,\dots,y_{n-1}$ eine Basis von R über P:

$$R = P \oplus Py_1 \oplus \dots \oplus Py_{n-1}.$$

Es sei $A = Q(R)$, $K = Q(P)$ und $\sigma : A \to K$ die Spur mit

$$\sigma(1) = 1$$
$$\sigma(y_i) = o \qquad (i=1,\dots,n-1).$$

$\mathcal{L}^{\sigma}_{R/P}$ ist die Menge aller $a_o+a_1y_1 + \dots + a_{n-1}y_{n-1} \in A (a_i \in K)$ mit $\sigma((a_o+a_1y_1 + \dots + a_{n-1}y_{n-1})y_i) \in P$ $(i=0,\dots,n-1, y_o=1)$.

Man rechnet leicht nach, daß

$y_iy_j = \frac{1}{\kappa_i-\kappa_j}(u_iy_j-u_jy_i)$ und daher $\sigma(y_iy_j) = o$ für $i \neq j$ gilt.

Ferner ist

$$y_i^2 = (u_{n+1} + \sum_{\substack{j=1\\j\neq i}}^{n} \frac{1}{\kappa_i-\kappa_j})y_i + u_i \sum_{\substack{j=1\\j\neq i}}^{n-1} (\frac{1}{\kappa_j-\kappa_i} - \frac{1}{\kappa_n-\kappa_i})y_j + \frac{u_iu_{n+1}}{\kappa_n-\kappa_i}$$

für $i=1,\dots,n-1$ und folglich

$$\sigma(y_i^2) = \frac{u_iu_{n+1}}{\kappa_n-\kappa_i} \qquad (i=1,\dots,n-1).$$

Somit ergibt sich

$$\mathcal{L}^{\sigma}_{R/P} = P \oplus P\frac{y_1}{u_1u_{n+1}} \oplus \dots \oplus \frac{y_{n-1}}{u_{n-1}u_{n+1}}$$

und nach Multiplikation mit $u_1 \cdot \ldots \cdot u_{n-1}u_{n+1}$

$K_R \cong \mathfrak{L}^{\sigma}_{R/P} \cong Pu_1,\ldots,u_{n-1}u_{n+1} \oplus Py_1u_2,\ldots,u_{n-1} \oplus \ldots \oplus Pu_1,\ldots,u_{n-2}y_{n-1}.$

Man sieht leicht mit Hilfe der obigen Relation für ${y_i}^2$, daß $u_1,\ldots,u_{n-1}u_{n+1}$ in dem von

$$y_1u_2,\ldots,u_{n-1},\ldots,u_1,\ldots,u_{n-1}y_{n-1}$$

erzeugten R-Ideal enthalten ist. Nach 7.11 bilden diese Elemente wegen $r(R) = n-1$ ein kürzestes Erzeugendensystem des Ideals.

3. Dedekindsche Differente

Es sei R ein lokaler Ring, der den Bedingungen von 7.7 genügt. Insbesondere sei $P \to R$ eine Noethersche Normalisierung und $\sigma : Q(R) \to Q(P)$ eine Spur.

Definition 7.22. Das gebrochene Ideal $\vartheta_\sigma(R/P) := (\mathfrak{L}^{\sigma}_{R/P})^{-1}$ heißt die σ-Differente von R über P.

Bemerkung 7.23. Nach 7.21 bilden die σ-Differenten eine Idealklasse von R, die unabhängig ist von der speziellen Normalisierung $P \to R$ und der speziellen Spur σ. Für einen Gorensteinring ist diese Klasse die Klasse der gebrochenen Hauptideale, die einen NNT von R enthalten. Wir werden später zeigen, daß hiervon auch die Umkehrung gilt (vgl. 7.35): Ein CM-Ring, dessen Differentenklasse die Hauptidealklasse ist, ist ein Gorensteinring.

Ist R ein Integritätsbereich, dessen Quotientenkörper separabel algebraisch über Q(P) ist und $\sigma : Q(R) \to Q(P)$ die kanonische Spur, dann heißt $\vartheta_\sigma(R/P)$ die Dedekindsche Differente $\vartheta(R/P)$ von R über P. Sie charakterisiert unter ziemlich allgemeinen Voraussetzungen den Verzweigungsort von R über P.

Definition. $\mathfrak{p} \in \mathrm{Spek}(R)$ heißt unverzweigt über P, wenn gilt:

a) $\mathfrak{p}R_{\mathfrak{p}} = \mathfrak{q}R_{\mathfrak{p}}$ mit $\mathfrak{q} = \mathfrak{p} \cap P$.

b) $R_{\mathfrak{p}}/\mathfrak{p}R_{\mathfrak{p}}$ ist separabel algebraisch über $P_{\mathfrak{q}}/\mathfrak{q}P_{\mathfrak{q}}$.

Die Menge $V_{R/P}$ der über P verzweigten Primideale von R heißt der Verzweigungsort von R über P.

Es gilt z.B. die folgende Verallgemeinerung des Dedekindschen Differentensatzes:

Satz 7.24. R sei ein CM-Ring, der nullteilerfrei ist und eine Noethersche Normalisierung $P \to R$ *besitzt, die den folgenden zusätzlichen Bedingungen genügt:*

a) *R ist endlicher P-Modul.*

b) $Q(R)$ *ist separabel algebraisch über* $Q(P)$.

Dann ist $V_{R/P} = V(\vartheta(R/P))$, *die Menge der* $\mathfrak{p} \in \operatorname{Spek}(R)$, *die die Dedekindsche Differente* $\vartheta(R/P)$ *umfassen.*

Beweis: Nach 1.18 ist R ein freier P-Modul. Hieraus folgt $V(\vartheta(R/P)) = V(\vartheta_K(R/P))$, wobei $\vartheta_K(R/P)$ die Kählersche Differente von R über P ist (vgl. etwa [3]). Für die Kählersche Differente ist die Behauptung des Satzes bekannt.

Korollar 7.25. Ist zusätzlich zu den Bedingungen von 7.24 R ein Gorensteinring, dann gibt es ein $r \in R$, *so daß*

$$V_{R/P} = V(r)$$

ist ("Hyperflächenschnitt").

Korollar 7.26. Sind unter den Voraussetzungen von 7.24 $P_1 \to R, P_2 \to R$ *zwei Normalisierungen, die den Bedingungen a), b) in 7.24 genügen, dann gibt es Elemente* $r_1, r_2 \in R$ *mit*

$$V(r_1) \cup V_{R/P_1} = V(r_2) \cup V_{R/P_2}.$$

Beweis: Nach 7.23 unterscheiden sich $\vartheta(R/P_1)$ und $\vartheta(R/P_2)$ um einen Faktor $\frac{r_1}{r_2} \in Q(R)$.

4. Reflexivität des kanonischen Moduls

R sei ein CM-Ring, $\dim R \geq 1$, M ein endlich erzeugter R-Modul.

Satz 7.27. Ist M ein CM-Modul mit $\dim M = \dim R$, *dann sind folgende Aussagen äquivalent:*

a) M ist reflexiv (d.h. $\alpha : M \to \mathrm{Hom}_R(\mathrm{Hom}_R(M,R),R)$ ist bijektiv).
b) Für alle $\mathfrak{p} \in \mathrm{Spek}(R)$ mit $h(\mathfrak{p}) = 1$ ist $M_{\mathfrak{p}}$ reflexiv.

Beweis: Da a) $\to$ b) trivial ist, braucht nur b) $\to$ a) bewiesen zu werden. Wir setzen $M^{**} = \mathrm{Hom}_R(\mathrm{Hom}_R(M,R),R)$.

1) $\alpha : M \to M^{**}$ ist injektiv.
Für alle $\mathfrak{p} \in \mathrm{Spek}(R)$, $h(\mathfrak{p}) = 1$ hat man ein kommutatives Diagramm

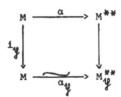

$$\begin{array}{ccc} M & \xrightarrow{\alpha} & M^{**} \\ {\scriptstyle i_{\mathfrak{p}}}\downarrow & & \downarrow \\ M & \xrightarrow[\alpha_{\mathfrak{p}}]{\sim} & M_{\mathfrak{p}}^{**} \end{array}$$

Ist $m \in \mathrm{Kern}(\alpha)$, dann ist $i_{\mathfrak{p}}(m) = o$ für alle $\mathfrak{p} \in \mathrm{Spek}(R)$ mit $h(\mathfrak{p}) = 1$. Für jedes solche $\mathfrak{p}$ gibt es dann ein $s_{\mathfrak{p}} \in R$, $s_{\mathfrak{p}} \notin \mathfrak{p}$ mit $s_{\mathfrak{p}} m = o$.
Ist $\mathfrak{a} = \mathrm{Ann}(m)$ und ist $\mathfrak{a} \neq R$, dann ist $R/\mathfrak{a} \cong Rm$ und $\mathrm{Ass}(R/\mathfrak{a}) \subseteq \mathrm{Ass}(M)$. Da Ass(M) nur aus Primidealen der Höhe o besteht, ist $\mathfrak{a} \subseteq \mathfrak{p}$ für ein Primideal $\mathfrak{p}$ mit $h(\mathfrak{p}) = 1$. Das widerspricht der Existenz von $s_{\mathfrak{p}} \notin \mathfrak{p}$ mit $s_{\mathfrak{p}} m = 0$; also ist $\mathfrak{a} = R$ und $M = o$.

2) Es ist $\mathrm{Ass}(\mathrm{Hom}(M,R)) = \mathrm{Supp}(M) \cap \mathrm{Ass}(R) = \mathrm{Ass}(M)$ und daher $\mathrm{Ass}(M^{**}) = \mathrm{Supp}(\mathrm{Hom}(M,R)) \cap \mathrm{Ass}(R) = \mathrm{Ass}(M)$. Ist S die Menge aller NNT von R, so ist S enthalten in der Menge aller NNT von M, welche gleich ist der Menge aller NNT von M^{**}, und man hat ein kommutatives Diagramm

$$\begin{array}{ccc} M & \xrightarrow{\alpha} & M^{**} \\ \downarrow & & \downarrow \\ M_S & \xrightarrow[\alpha_S]{} & M_S^{**} \end{array}$$

in dem alle Pfeile Injektionen bedeuten. Wir identifizieren die Moduln dieses Diagramms mit den entsprechenden Untermoduln von M_S^{**}.

3) α ist bijektiv.
Es sei $y \in M^{**}$. Für jedes $\mathfrak{p} \in \mathrm{Spek}(R)$ mit $h(\mathfrak{p}) = 1$ existiert ein $s_{\mathfrak{p}} \in R$, $s_{\mathfrak{p}} \notin \mathfrak{p}$ mit $s_{\mathfrak{p}} y \in M$, weil $\alpha_{\mathfrak{p}} : M_{\mathfrak{p}} \to M_{\mathfrak{p}}^{**}$ bijektiv ist.

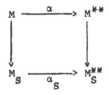

Ist

$$\mathfrak{n} := M : Ry = \{r \in R \mid ry \in M\},$$

so besteht $\mathfrak{n}$ nicht nur aus Nullteilern von R, denn sonst wäre $\mathfrak{n} \subseteq \mathfrak{q}$ für ein $\mathfrak{q} \in \mathrm{Spek}(R)$ mit $h(\mathfrak{q}) = o$ und daher auch $\mathfrak{n} \subseteq \mathfrak{p}$ für ein $\mathfrak{p}$ mit $h(\mathfrak{p}) = 1$, was nicht der Fall ist. Es existiert somit ein $s \in S$ mit $sy \in M$. Es folgt

$$M \subseteq M^{**} \subseteq M_s = M_s^{**}.$$

Es sei nun $y = \frac{x}{s}$, $x \in M$, $s \in S$. Da wir $y \in M$ zeigen wollen, genügt es, den Fall zu betrachten, daß s Nichteinheit in R ist. Es gilt

$\mathfrak{n} = \{r \in R \mid ry \in M\} = \{r \in R \mid r\frac{x}{s} \in M\} = \{r \in R \mid rx \in sM\} = \mathrm{Ann}(\bar{x})$,

wenn $\bar{x}$ die Restklasse von x in M/sM ist. Da $R/\mathfrak{n} \cong R\bar{x} \subseteq M/sM$ und da M/sM ein CM-Modul ist, folgt aus $R/\mathfrak{n} \neq o$, daß $\mathfrak{n}$ in einem Primideal $\mathfrak{p}$ der Höhe 1 enthalten sein muß. Da dies nach dem weiter oben festgestellten nicht der Fall ist, folgt $\mathfrak{n} = R$ und $y \in M$, q.e.d.

Korollar 7.28. R sei ein CM-Ring, dim R $\geq$ 1 und $\mathfrak{a}$ ein CM-Ideal von R. Dann sind folgende Aussagen äquivalent:

a) $(\mathfrak{a}^{-1})^{-1} = \mathfrak{a}$.

b) *Für alle* $\mathfrak{p} \in \mathrm{Spek}(R)$ *mit* $h(\mathfrak{p}) = 1$ *ist* $(\mathfrak{a}_{\mathfrak{p}}^{-1})^{-1} = \mathfrak{a}_{\mathfrak{p}}$.

Bemerkung: b) gilt sicher dann, wenn $R_{\mathfrak{p}}$ Gorensteinring ist und $\mathfrak{a}_{\mathfrak{p}}$ einen NNT enthält.

Korollar 7.29. R sei ein CM-Ring, dim R $\geq$ 1 und der kanonische Modul K_R existiere. Dann sind folgende Aussagen gleichwertig:

a) K_R *ist reflexiv.*

b) *Für alle* $\mathfrak{p} \in \mathrm{Spek}(R)$ *mit* $h(\mathfrak{p}) = 1$ *ist* $R_{\mathfrak{p}}$ *ein Gorensteinring.*

Beweis: a) $\rightarrow$ b). Es sei $\mathfrak{q} \in \mathrm{Spek}(R)$ mit $h(\mathfrak{q}) = o$. Dann ist auch $K_{R_{\mathfrak{q}}}$ reflexiv:

$$K_{R_{\mathfrak{q}}} \cong \mathrm{Hom}_{R_{\mathfrak{q}}}(\mathrm{Hom}_{R_{\mathfrak{q}}}(K_{R_{\mathfrak{q}}}, R_{\mathfrak{q}}), R_{\mathfrak{q}}).$$

Lemma 7.30. $(R, \mathfrak{m})$ *sei ein o-dimensionaler lokaler Ring,* $k = R/\mathfrak{m}$, M,N *endlich erzeugte R-Moduln. Dann gilt*

$$\dim_k \gamma(\mathrm{Hom}_R(M,N)) \geq \dim_k M/\mathfrak{m}M \cdot \dim_k \gamma(N),$$

wenn γ *den Sockel bedeutet.*

<u>Beweis:</u> Es ist $\mathrm{Hom}_R(M/\mathfrak{m}M,\gamma(N)) \subseteq \mathrm{Hom}_R(M,N)$ und für $\ell \in \mathrm{Hom}_R(M/\mathfrak{m}M,\gamma(N))$ ist $\mathfrak{m}\ell = o$, d.h.

$$\mathrm{Hom}_R(M/\mathfrak{m}M,\gamma(N)) \subseteq \gamma(\mathrm{Hom}_R(M,N)).$$

Hieraus folgt die Behauptung des Lemmas.

Da $K_{R_{\mathfrak{q}}}$ ein CM_1-Modul ist, also die Dimension seines Sockels 1 ist, muß nach dem Lemma die Dimension von $\gamma(R_{\mathfrak{q}})$ auch 1 sein, d.h. $R_{\mathfrak{q}}$ ist Gorensteinring.

K_R läßt sich somit mit einem Ideal in R identifizieren. Nach 3.4 folgt dann aus der Reflexivität von $K_{R_{\mathfrak{p}}}$ für $\mathfrak{p} \in \mathrm{Spek}(R)$, $h(\mathfrak{p}) = 1$, daß $R_{\mathfrak{p}}$ Gorensteinring ist.

b) $\rightarrow$ a) ergibt sich unmittelbar aus Satz 7.27, angewandt auf $M = K_R$.

<u>Bemerkung 7.31.</u> Ist $CM_k(R) := \{\mathfrak{p} \in \mathrm{Spek}(R) \mid r(R_{\mathfrak{p}}) \geq k\}$, so besagt 7.29, daß die beiden folgenden Aussagen äquivalent sind:

a) Codim $(CM_2(R)) > 1$.

b) K_R ist reflexiv.

<u>5. Anwendung auf die Differente</u>

<u>Satz 7.32.</u> R <u>sei ein</u> CM-<u>Ring</u>, M <u>ein</u> CM-<u>Modul über</u> R. <u>Ist</u> $\mathrm{Hom}_R(M,R)$ <u>ein freier</u> R-<u>Modul vom Rang</u> $n > o$, <u>dann ist</u> M <u>ein freier</u> R-<u>Modul</u> (<u>vom Rang</u> n).

<u>Beweis:</u> a) Aus $\mathrm{Ass}(\mathrm{Hom}(M,R)) = \mathrm{Ass}(R) \cap \mathrm{Supp}(M) = \mathrm{Ass}(R)$ folgt sofort $\dim M = \dim R$.

b) Es genügt, den Satz für $\dim R \leq 1$ zu beweisen. Denn, ist $\dim R > 1$ und ist der Satz für $\dim R = 1$ schon bewiesen, so ergibt sich aus der Tatsache, daß $\mathrm{Hom}_{R_{\mathfrak{p}}}(M_{\mathfrak{p}},R_{\mathfrak{p}})$ für alle Primideale $\mathfrak{p}$ mit $h(\mathfrak{p}) = 1$ frei ist, daß $M_{\mathfrak{p}}$ frei und folglich reflexiv ist. Nach 7.27 ist dann M reflexiv und aus $M \cong \mathrm{Hom}(\mathrm{Hom}(M,R),R)$ ergibt sich, daß M frei ist.

c) Es sei jetzt $\dim R \leq 1$. $\{\ell_1,\ldots,\ell_n\}$ sei eine Basis von $\mathrm{Hom}_R(M,R)$. Für das Basiselement $\ell = \ell_1$ betrachten wir die exakten Folgen

(4) $$o \to \mathrm{Kern}(\ell) \to M \to \ell(M) \to o,$$

$$o \to \mathrm{Hom}(\ell(M),R) \to \mathrm{Hom}(M,R) \to \mathrm{Hom}(\mathrm{Kern}(\ell),R)$$

und wir setzen $I := \ell(M)$.

Es sei zuerst $\dim R = o$. Wäre $I \neq R$, so gäbe es ein m mit $I^m = o$, $I^{m-1} \neq o$ und folglich ein $x \in R$, $x \neq o$ mit $xI = o$. Dann wäre aber $x \cdot \ell = o$, im Widerspruch zur Voraussetzung, daß ℓ ein Basiselement ist. Mithin ist $I = R$.

Es sei jetzt $\dim R = 1$. Dann enthält I einen NNT von R, denn es ist $I_{\mathfrak{p}} = R_{\mathfrak{p}}$ für alle Primideale $\mathfrak{p}$ der Höhe 1 von R, wie wir gerade gesehen haben. Es ist dann $\mathrm{Hom}_R(I,R) \cong R : I$ und $R : I \supseteq R$. Wir zeigen zunächst $R : I = R$.

Ist $x \in R : I$, so definiert die Multiplikation mit x eine lineare Abbildung von $I = \ell(M)$ in R und damit ein Element $x \cdot \ell \in \mathrm{Hom}(M,R)$:

$$x \cdot \ell = r \cdot \ell + \sum_{i=2}^{n} r_i \ell_i \qquad (r, r_i \in R).$$

Es gibt einen NNT $d \in R$ mit $d \cdot x \in R$. Es folgt

$$(d \cdot x) \cdot \ell = (d \cdot r) \cdot \ell + \sum_{i=2}^{n} (d \cdot r_i) \cdot \ell_i .$$

Da $\{\ell_1, \ldots, \ell_n\}$ eine Basis ist, ergibt sich $d \cdot x = d \cdot r$ und daraus $x = r$, weil d NNT ist. Damit ist $R : I = R$ gezeigt.

Wäre nun I im maximalen Ideal $\mathfrak{m}$ von R enthalten, dann wäre $R : I \supseteq R : \mathfrak{m}$. Für eindimensionale Ringe ist aber $R : \mathfrak{m}$ echt größer als R. Es folgt daher $I = R$ auch für $\dim R = 1$.

d) Nach c) spaltet die exakte Folge (4) auf und es folgt, daß entweder $\mathrm{Kern}(\ell) = o$ ist oder $\mathrm{Kern}(\ell)$ ein CM-Modul mit derselben Dimension wie R.

Im ersten Fall (der nur für $n = 1$ eintreten kann) sind wir fertig. Im zweiten Fall ergibt sich aus der aufspaltenden exakten Folge $o \to \mathrm{Hom}(\ell(M),R) \to \mathrm{Hom}(M,R) \to \mathrm{Hom}(\mathrm{Kern}(\ell),R) \to o$, daß $\mathrm{Hom}(\mathrm{Kern}(\ell),R)$ ein freier R-Modul vom Rang $n-1$ ist. Durch Induktion sind wir fertig, wenn wir den Satz für $n = 1$ bewiesen haben.

e) Für n = 1 ist nach dem gezeigten entweder Kern(ℓ) = o, und folglich M $\cong$ R, oder Kern(ℓ) ein CM-Modul der gleichen Dimension wie R mit Hom(Kern(ℓ),R) = o. Aus

$$\mathrm{Ass}(\mathrm{Hom}(\mathrm{Kern}(\ell),R)) = \mathrm{Ass}(R) \cap \mathrm{Supp}(\mathrm{Kern}(\ell))$$

ergibt sich aber, daß der zweite Fall garnicht eintreten kann.

Korollar 7.33. R sei ein CM-Ring, $\mathfrak{a}$ ein CM-Ideal in R, das einen NNT enthält. Ist $\mathfrak{a}^{-1}$ ein Hauptideal, dann auch $\mathfrak{a}$.

Korollar 7.34. R sei ein CM-Ring für den K_R existiere. Ist $\mathrm{Hom}_R(K_R,R)$ ein freier R-Modul, dann ist R ein Gorensteinring.

Korollar 7.35. R sei ein CM-Ring. Für alle Primideale $\mathfrak{p}$ von R mit $h(\mathfrak{p})$ = o sei $R_{\mathfrak{p}}$ ein Gorensteinring. P → R sei eine Noethersche Normalisierung und σ : Q(R) → Q(P) eine Spur. Dann sind folgende Aussagen äquivalent:

a) $\vartheta_\sigma(R/P)$ ist ein Hauptideal.

b) R ist Gorensteinring.

Beweis: Es ist $\vartheta_\sigma(R/P) \cong (\mathfrak{L}^{\sigma}_{R/P})^{-1} \cong K_R^{-1} \cong \mathrm{Hom}_R(K_R,R)$. Ist R Gorensteinring, so ist $K_R \cong R$ und daher $\vartheta_\sigma(R/P) \cong R$. Umgekehrt folgt hieraus nach 7.34, daß $K_R \cong R$ ist und daher R Gorensteinring.

L I T E R A T U R

[1] H. Bass, On the ubiquity of Gorenstein rings, Math. Z. 82, 8-28 (1963).

[2] E. A. Behrens, Algebren, Mannheim, Bibl. Inst. (1965).

[3] R. Berger, Über verschiedene Differentenbegriffe, Ber. Heidelberger Akad. Wiss. 1960, I. Abh. (1960).

[4] ________, Über eine Klasse unvergabelter lokaler Ringe, Math. Ann. 146, 98-102 (1962).

[5] N. Bourbaki, Algèbre commutative, Chap. 1-2 Paris, Hermann (1961).

[6] __________, Algèbre commutative, Chap. 7 Paris, Hermann (1965).

[7] P. Gabriel, Objets injectifs dans les catégories abéliennes, Sém. Dubreil-Pisot (1958-59).

[8] W. Gröbner, Über irreduzible Ideale in kommutativen Ringen, Math. Ann. 110, 197-222 (1934).

[9] A. Grothendieck, Eléments de géométrie algébrique, Publ. Math. Nr. 4 (1960), Nr. 24 (1965).

[10] ______________, Local Cohomology, Lecture Notes in Mathematics, Bd. 41 (1967).

[11] J. Herzog u. E. Kunz, Die Wertehalbgruppe eines lokalen Rings der Dimension 1, Ber. Heidelberger Akad. Wiss. 1971, II. Abh. (1971).

[12] F. Ischebeck, Eine Dualität zwischen den Funktoren Ext und Tor, J. Algebra 11, 510-531 (1969).

[13] M. P. Murthy, A note on factorial rings, Arch. Math. 15, 418-420 (1964).

[14] M. Nagata, Local Rings, Interscience, New York (1962).

[15] J. P. Serre, Algèbre locale. Multiplicités, Lecture Notes in Mathematics Bd. 11 (1965).

[16] O. Zariski a. P. Samuel, Commutative Algebra, Princeton-Toronto-New York-London (1958).

Lecture Notes in Mathematics

Comprehensive leaflet on request

Vol. 38: R. Berger, R. Kiehl, E. Kunz und H.-J. Nastold, Differentialrechnung in der analytischen Geometrie IV, 134 Seiten. 1967 DM 12,–

Vol. 39: Séminaire de Probabilités I. II, 189 pages. 1967. DM 14,–

Vol. 40: J. Tits, Tabellen zu den einfachen Lie Gruppen und ihren Darstellungen. VI, 53 Seiten. 1967. DM 6,80

Vol. 41: A. Grothendieck, Local Cohomology. VI, 106 pages. 1967. DM 10,–

Vol. 42: J. F. Berglund and K. H. Hofmann, Compact Semitopological Semigroups and Weakly Almost Periodic Functions. VI, 160 pages. 1967. DM 12,–

Vol. 43: D. G. Quillen, Homotopical Algebra VI, 157 pages. 1967. DM 14,–

Vol. 44: K. Urbanik, Lectures on Prediction Theory. IV, 50 pages. 1967. DM 5,80

Vol. 45: A. Wilansky, Topics in Functional Analysis. VI, 102 pages. 1967. DM 9,60

Vol. 46: P. E. Conner, Seminar on Periodic Maps. IV, 116 pages. 1967. DM 10,60

Vol. 47: Reports of the Midwest Category Seminar I. IV, 181 pages. 1967. DM 14,80

Vol. 48: G. de Rham, S. Maumary et M. A. Kervaire, Torsion et Type Simple d'Homotopie. IV, 101 pages. 1967. DM 9,60

Vol. 49: C. Faith, Lectures on Injective Modules and Quotient Rings. XVI, 140 pages. 1967. DM 12,80

Vol. 50: L. Zalcman, Analytic Capacity and Rational Approximation. VI, 155 pages. 1968. DM 13,20

Vol. 51: Séminaire de Probabilités II. IV, 199 pages. 1968. DM 14,–

Vol. 52: D. J. Simms, Lie Groups and Quantum Mechanics. IV, 90 pages. 1968. DM 8,–

Vol. 53: J. Cerf, Sur les difféomorphismes de la sphère de dimension trois ($\Gamma_4 = 0$). XII, 133 pages. 1968. DM 12,–

Vol. 54: G. Shimura, Automorphic Functions and Number Theory. VI, 69 pages. 1968. DM 8,–

Vol. 55: D. Gromoll, W. Klingenberg und W. Meyer, Riemannsche Geometrie im Großen. VI, 287 Seiten. 1968. DM 20,–

Vol. 56: K. Floret und J. Wloka, Einführung in die Theorie der lokalkonvexen Räume. VIII, 194 Seiten. 1968. DM 16,–

Vol. 57: F. Hirzebruch und K. H. Mayer, O (n)-Mannigfaltigkeiten, exotische Sphären und Singularitäten. IV, 132 Seiten. 1968. DM 10,80

Vol. 58: Kuramochi Boundaries of Riemann Surfaces. IV, 102 pages. 1968. DM 9,60

Vol. 59: K. Jänich, Differenzierbare G-Mannigfaltigkeiten. VI, 89 Seiten. 1968. DM 8,–

Vol. 60: Seminar on Differential Equations and Dynamical Systems. Edited by G. S. Jones. VI, 106 pages. 1968. DM 9,60

Vol. 61: Reports of the Midwest Category Seminar II. IV, 91 pages. 1968. DM 9,60

Vol. 62: Harish-Chandra, Automorphic Forms on Semisimple Lie Groups X, 138 pages. 1968. DM 14,–

Vol. 63: F. Albrecht, Topics in Control Theory. IV, 65 pages. 1968. DM 6,80

Vol. 64: H. Berens, Interpolationsmethoden zur Behandlung von Approximationsprozessen auf Banachräumen. VI, 90 Seiten. 1968. DM 8,–

Vol. 65: D. Kölzow, Differentiation von Maßen. XII, 102 Seiten. 1968. DM 8,–

Vol. 66: D. Ferus, Totale Absolutkrümmung in Differentialgeometrie und -topologie. VI, 85 Seiten. 1968. DM 8,–

Vol. 67: F. Kamber and P. Tondeur, Flat Manifolds. IV, 53 pages. 1968. DM 5,80

Vol. 68: N. Boboc et P. Mustată, Espaces harmoniques associés aux opérateurs différentiels linéaires du second ordre de type elliptique. VI, 95 pages. 1968. DM 8,60

Vol. 69: Seminar über Potentialtheorie. Herausgegeben von H. Bauer. VI, 180 Seiten. 1968. DM 14,80

Vol. 70: Proceedings of the Summer School in Logic. Edited by M. H. Löb. IV, 331 pages. 1968. DM 20,–

Vol. 71: Séminaire Pierre Lelong (Analyse), Année 1967 – 1968. VI, 190 pages. 1968. DM 14,

Vol. 72: The Syntax and Semantics of Infinitary Languages. Edited by J. Barwise. IV, 268 pages. 1968. DM 18,–

Vol. 73: P. E. Conner, Lectures on the Action of a Finite Group. IV, 123 pages. 1968. DM 10,–

Vol. 74: A. Fröhlich, Formal Groups. IV, 140 pages. 1968. DM 12,–

Vol. 75: G. Lumer, Algèbres de fonctions et espaces de Hardy. VI, 80 pages. 1968. DM 8,–

Vol. 76: R. G. Swan, Algebraic K-Theory. IV, 262 pages. 1968. DM 18,–

Vol. 77: P.-A. Meyer, Processus de Markov: la frontière de Martin. IV, 123 pages. 1968. DM 10,–

Vol. 78: H. Herrlich, Topologische Reflexionen und Coreflexionen. XVI, 166 Seiten. 1968. DM 12,–

Vol. 79: A. Grothendieck, Catégories Cofibrées Additives et Complexe Cotangent Relatif. IV, 167 pages. 1968. DM 12,–

Vol. 80: Seminar on Triples and Categorical Homology Theory. Edited by B. Eckmann. IV, 398 pages. 1969. DM 20,–

Vol. 81: J.-P. Eckmann et M. Guenin, Méthodes Algébriques en Mécanique Statistique. VI, 131 pages. 1969. DM 12,–

Vol. 82: J. Wloka, Grundräume und verallgemeinerte Funktionen. VIII, 131 Seiten. 1969. DM 12,–

Vol. 83: O. Zariski, An Introduction to the Theory of Algebraic Surfaces. IV, 100 pages. 1969. DM 8,–

Vol. 84: H. Lüneburg, Transitive Erweiterungen endlicher Permutationsgruppen. IV, 119 Seiten. 1969. DM 10,–

Vol. 85: P. Cartier et D. Foata, Problèmes combinatoires de commutation et réarrangements. IV, 88 pages. 1969. DM 8,–

Vol. 86: Category Theory, Homology Theory and their Applications I. Edited by P. Hilton. VI, 216 pages. 1969. DM 16,–

Vol. 87: M. Tierney, Categorical Constructions in Stable Homotopy Theory. IV, 65 pages. 1969. DM 6,–

Vol. 88: Séminaire de Probabilités III. IV, 229 pages. 1969. DM 18,–

Vol. 89: Probability and Information Theory. Edited by M. Behara, K. Krickeberg and J. Wolfowitz. IV, 256 pages. 1969. DM 18,–

Vol. 90: N. P. Bhatia and O. Hajek, Local Semi-Dynamical Systems. II, 157 pages. 1969. DM 14,–

Vol. 91: N. N. Janenko, Die Zwischenschrittmethode zur Lösung mehrdimensionaler Probleme der mathematischen Physik. VIII, 194 Seiten. 1969. DM 16,80

Vol. 92: Category Theory, Homology Theory and their Applications II. Edited by P. Hilton. V, 308 pages. 1969. DM 20,–

Vol. 93: K. R. Parthasarathy, Multipliers on Locally Compact Groups. III, 54 pages. 1969. DM 5,60

Vol. 94: M. Machover and J. Hirschfeld, Lectures on Non-Standard Analysis. VI, 79 pages. 1969. DM 6,–

Vol. 95: A. S. Troelstra, Principles of Intuitionism. II, 111 pages. 1969. DM 10,–

Vol. 96: H.-B. Brinkmann und D. Puppe, Abelsche und exakte Kategorien, Korrespondenzen. V, 141 Seiten. 1969. DM 10,–

Vol. 97: S. O. Chase and M. E. Sweedler, Hopf Algebras and Galois theory. II, 133 pages. 1969. DM 10,–

Vol. 98: M. Heins, Hardy Classes on Riemann Surfaces. III, 106 pages. 1969. DM 10,–

Vol. 99: Category Theory, Homology Theory and their Applications III. Edited by P. Hilton. IV, 489 pages. 1969. DM 24,–

Vol. 100: M. Artin and B. Mazur, Etale Homotopy. II, 196 Seiten. 1969. DM 12,–

Vol. 101: G. P. Szegö et G. Treccani, Semigruppi di Trasformazioni Multivoche. VI, 177 pages. 1969. DM 14,–

Vol. 102: F. Stummel, Rand- und Eigenwertaufgaben in Sobolewschen Räumen. VIII, 386 Seiten. 1969. DM 20,–

Vol. 103: Lectures in Modern Analysis and Applications I. Edited by C. T. Taam. VII, 162 pages. 1969. DM 12,–

Vol. 104: G. H. Pimbley, Jr., Eigenfunction Branches of Nonlinear Operators and their Bifurcations. II, 128 pages. 1969. DM 10,–

Vol. 105: R. Larsen, The Multiplier Problem. VII, 284 pages. 1969. DM 18,–

Vol. 106: Reports of the Midwest Category Seminar III. Edited by S. Mac Lane. III, 247 pages. 1969. DM 16,–

Vol. 107: A. Peyerimhoff, Lectures on Summability. III, 111 pages. 1969. DM 8,–

Vol. 108: Algebraic K-Theory and its Geometric Applications. Edited by R. M. F. Moss and C. B. Thomas. IV, 86 pages. 1969. DM 6,–

Vol. 109: Conference on the Numerical Solution of Differential Equations. Edited by J. Ll. Morris. VI, 275 pages. 1969. DM 18,–

Vol. 110: The Many Facets of Graph Theory. Edited by G. Chartrand and S. F. Kapoor. VIII, 290 pages. 1969. DM 18,–

Vol. 111: K. H. Mayer, Relationen zwischen charakteristischen Zahlen. III, 99 Seiten. 1969. DM 8,–

Vol. 112: Colloquium on Methods of Optimization. Edited by N. N. Moiseev. IV, 293 pages. 1970. DM 18,–

Vol. 113: R. Wille, Kongruenzklassengeometrien. III, 99 Seiten. 1970. DM 8,–

Vol. 114: H. Jacquet and R. P. Langlands, Automorphic Forms on GL (2). VII, 548 pages. 1970. DM 24,–

Vol. 115: K. H. Roggenkamp and V. Huber-Dyson, Lattices over Orders I. XIX, 290 pages. 1970. DM 18,–

Vol. 116: Séminaire Pierre Lelong (Analyse) Année 1969. IV, 195 pages. 1970. DM 14,–

Vol. 117: Y. Meyer, Nombres de Pisot, Nombres de Salem et Analyse Harmonique. 63 pages. 1970. DM 6,–

Vol. 118: Proceedings of the 15th Scandinavian Congress, Oslo 1968. Edited by K. E. Aubert and W. Ljunggren. IV, 162 pages. 1970. DM 12,–

Vol. 119: M. Raynaud, Faisceaux amples sur les schémas en groupes et les espaces homogènes. III, 219 pages. 1970. DM 14,–

Vol. 120: D. Siefkes, Büchi's Monadic Second Order Successor Arithmetic. XII, 130 Seiten. 1970. DM 12,–

Vol. 121: H. S. Bear, Lectures on Gleason Parts. III, 47 pages. 1970. DM 6,–

Vol. 122: H. Zieschang, E. Vogt und H.-D. Coldewey, Flächen und ebene diskontinuierliche Gruppen. VIII, 203 Seiten. 1970. DM 16,–

Vol. 123: A. V. Jategaonkar, Left Principal Ideal Rings. VI, 145 pages. 1970. DM 12,–

Vol. 124: Séminare de Probabilités IV. Edited by P. A. Meyer. IV, 282 pages. 1970. DM 20,–

Vol. 125: Symposium on Automatic Demonstration. V, 310 pages. 1970. DM 20,–

Vol. 126: P. Schapira, Théorie des Hyperfonctions. XI, 157 pages. 1970. DM 14,–

Vol. 127: I. Stewart, Lie Algebras. IV, 97 pages. 1970. DM 10,–

Vol. 128: M. Takesaki, Tomita's Theory of Modular Hilbert Algebras and its Applications. II, 123 pages. 1970. DM 10,–

Vol. 129: K. H. Hofmann, The Duality of Compact Semigroups and C*- Bigebras. XII, 142 pages. 1970. DM 14,–

Vol. 130: F. Lorenz, Quadratische Formen über Körpern. II, 77 Seiten. 1970. DM 8,–

Vol. 131: A Borel et al., Seminar on Algebraic Groups and Related Finite Groups. VII, 321 pages. 1970. DM 22,–

Vol. 132: Symposium on Optimization. III, 348 pages. 1970. DM 22,–

Vol. 133: F. Topsøe, Topology and Measure. XIV, 79 pages. 1970. DM 8,–

Vol. 134: L. Smith, Lectures on the Eilenberg-Moore Spectral Sequence. VII, 142 pages. 1970. DM 14,–

Vol. 135: W. Stoll, Value Distribution of Holomorphic Maps into Compact Complex Manifolds. II, 267 pages. 1970. DM 18,–

Vol. 136: M. Karoubi et al., Séminaire Heidelberg-Saarbrücken-Strasbuorg sur la K-Théorie. IV, 264 pages. 1970. DM 18,–

Vol. 137: Reports of the Midwest Category Seminar IV. Edited by S. MacLane. III, 139 pages. 1970. DM 12,–

Vol. 138: D. Foata et M. Schützenberger, Théorie Géométrique des Polynômes Eulériens. V, 94 pages. 1970. DM 10,–

Vol. 139: A. Badrikian, Séminaire sur les Fonctions Aléatoires Linéaires et les Mesures Cylindriques. VII, 221 pages. 1970. DM 18,–

Vol. 140: Lectures in Modern Analysis and Applications II. Edited by C. T. Taam. VI, 119 pages. 1970. DM 10,–

Vol. 141: G. Jameson, Ordered Linear Spaces. XV, 194 pages. 1970. DM 16,–

Vol. 142: K. W. Roggenkamp, Lattices over Orders II. V, 388 pages. 1970. DM 22,–

Vol. 143: K. W. Gruenberg, Cohomological Topics in Group Theory. XIV, 275 pages. 1970. DM 20,–

Vol. 144: Seminar on Differential Equations and Dynamical Systems, II. Edited by J. A. Yorke. VIII, 268 pages. 1970. DM 20,–

Vol. 145: E. J. Dubuc, Kan Extensions in Enriched Category Theory. XVI, 173 pages. 1970. DM 16,–

Vol. 146: A. B. Altman and S. Kleiman, Introduction to Grothendieck Duality Theory. II, 192 pages. 1970. DM 18,–

Vol. 147: D. E. Dobbs, Cech Cohomological Dimensions for Commutative Rings. VI, 176 pages. 1970. DM 16,–

Vol. 148: R. Azencott, Espaces de Poisson des Groupes Localement Compacts. IX, 141 pages. 1970. DM 14,–

Vol. 149: R. G. Swan and E. G. Evans, K-Theory of Finite Groups and Orders. IV, 237 pages. 1970. DM 20,–

Vol. 150: Heyer, Dualität lokalkompakter Gruppen. XIII, 372 Seiten. 1970. DM 20,–

Vol. 151: M. Demazure et A. Grothendieck, Schémas en Groupes I. (SGA 3). XV, 562 pages. 1970. DM 24,–

Vol. 152: M. Demazure et A. Grothendieck, Schémas en Groupes II. (SGA 3). IX, 654 pages. 1970. DM 24,–

Vol. 153: M. Demazure et A. Grothendieck, Schémas en Groupes III. (SGA 3). VIII, 529 pages. 1970. DM 24,–

Vol. 154: A. Lascoux et M. Berger, Variétés Kähleriennes Compactes. VII, 83 pages. 1970. DM 8,–

Vol. 155: Several Complex Variables I, Maryland 1970. Edited by J. Horváth. IV, 214 pages. 1970. DM 18,–

Vol. 156: R. Hartshorne, Ample Subvarieties of Algebraic Varieties. XIV, 256 pages. 1970. DM 20,–

Vol. 157: T. tom Dieck, K. H. Kamps und D. Puppe, Homotopietheorie. VI, 265 Seiten. 1970. DM 20,–

Vol. 158: T. G. Ostrom, Finite Translation Planes. IV. 112 pages. 1970. DM 10,–

Vol. 159: R. Ansorge und R. Hass. Konvergenz von Differenzenverfahren für lineare und nichtlineare Anfangswertaufgaben. VIII, 145 Seiten. 1970. DM 14,–

Vol. 160: L. Sucheston, Constributions to Ergodic Theory and Probability. VII, 277 pages. 1970. DM 20,–

Vol. 161: J. Stasheff, H-Spaces from a Homotopy Point of View. VI, 95 pages. 1970. DM 10,–

Vol. 162: Harish-Chandra and van Dijk, Harmonic Analysis on Reductive p-adic Groups. IV, 125 pages. 1970. DM 12,–

Vol. 163: P. Deligne, Equations Différentielles à Points Singuliers Reguliers. III, 133 pages. 1970. DM 12,–

Vol. 164: J. P. Ferrier, Seminaire sur les Algebres Complètes. II, 69 pages. 1970. DM 8,–

Vol. 165: J. M. Cohen, Stable Homotopy. V, 194 pages. 1970. DM 16,–

Vol. 166: A. J. Silberger, PGL_2 over the p-adics: its Representations, Spherical Functions, and Fourier Analysis. VII, 202 pages. 1970. DM 18,–

Vol. 167: Lavrentiev, Romanov and Vasiliev, Multidimensional Inverse Problems for Differential Equations. V, 59 pages. 1970. DM 10,–

Vol. 168: F. P. Peterson, The Steenrod Algebra and its Applications: A conference to Celebrate N. E. Steenrod's Sixtieth Birthday. VII, 317 pages. 1970. DM 22,–

Vol. 169: M. Raynaud, Anneaux Locaux Henséliens. V, 129 pages. 1970. DM 12,–

Vol. 170: Lectures in Modern Analysis and Applications III. Edited by C. T. Taam. VI, 213 pages. 1970. DM 18,–

Vol. 171: Set-Valued Mappings, Selections and Topological Properties of 2^X. Edited by W. M. Fleischman. X, 110 pages. 1970. DM 12,–

Vol. 172: Y.-T. Siu and G. Trautmann, Gap-Sheaves and Extension of Coherent Analytic Subsheaves. V, 172 pages. 1971. DM 16,–

Vol. 173: J. N. Mordeson and B. Vinograde, Structure of Arbitrary Purely Inseparable Extension Fields. IV, 138 pages. 1970. DM 14,–

Vol. 174: B. Iversen, Linear Determinants with Applications to the Picard Scheme of a Family of Algebraic Curves. VI, 69 pages. 1970. DM 8,–

Vol. 175: M. Brelot, On Topologies and Boundaries in Potential Theory. VI, 176 pages. 1971. DM 18,–

Vol. 176: H. Popp, Fundamentalgruppen algebraischer Mannigfaltigkeiten. IV, 154 Seiten. 1970. DM 16,–

Vol. 177: J. Lambek, Torsion Theories, Additive Semantics and Rings of Quotients. VI, 94 pages. 1971. DM 12,–

Vol. 178: Th. Bröcker und T. tom Dieck, Kobordismentheorie. XVI, 191 Seiten. 1970. DM 18,–

Vol. 179: Seminaire Bourbaki – vol. 1968/69. Exposés 347-363. IV, 295 pages. 1971. DM 22,–

Vol. 180: Séminaire Bourbaki – vol. 1969/70. Exposés 364-381. IV, 310 pages. 1971. DM 22,–

Vol. 181: F. DeMeyer and E. Ingraham, Separable Algebras over Commutative Rings. V, 157 pages. 1971. DM 16,–